The most understandable
compendium of quantum mechanics
in the universe

宇宙一わかりやすい
「量子力学」大全

目に見えない世界を味方にして
人生を好転させる56の法則

田畑 誠
（まこちん）

KADOKAWA

はじめに

量子力学で、人生を明るく生きやすく

この世の真理をご存知ですか？

あなたが心の深い部分で固く信じていること、思い込んでいること、**「当たり前」**だと思っていることは、そのまま現実になっていきます。結局、あなたの「当たり前」は、仕組みとして叶うようになります。なんなら、もう叶っています。それが宇宙の法則です。

実際、僕はこの法則を使いたおして、どん底のズタボロ状態から人生を好転させてきました。たとえば自分で立ち上げた会社が、18年目にしてうまく回らなくなってたたむことにしたり、挙句の果てに全財産が1000円を切ったり……。

そんなところから、量子力学と出会い、研究を始めたことで、思うような結果を出し続けることができるようになったのです。

それまではとんでもない思い込みばかりしていたので、とてつもない苦労の連続でしたが、「当たり前」を変えると現実も人生も、自分の望むほうにスルっと動き出し、光のような速さで好転し始めたのです。

本書では、そんな**思い込みを現実化させるメソッド**を惜しみなくお伝えします。

そのメソッドは、**量子力学（量子論）**を下敷きとした科学的な手法です。私が学んだ知識を自身の体で人体実験し、事実性と再現性を実感したものですから、間違いありません。そもそも量子力学とは、**物理学のひとつのジャンル**であり、**自然の摂理**です。きちんと理解して使いこなせば、基本的には誰にでも同じような結果が出せ

るものです。どなたにでも効く、極めて汎用性の高いメソッドです。
この世の仕組みや現実化のプロセス、やり方をしっかり理解したあとは、スポーツのように練習を重ねていくだけで、現実はどんどんよくなっていきます。

便利な現代の生活は量子力学のおかげだった

「そもそも量子力学って何？」そんな声も聞こえてきそうですので、端的にご説明しますね。「量子力学」とは、物質を究極まで分解したときの最小単位「素粒子」のふるまい（動き）を研究する学問のこと。僕たちの体の100億分の１くらいの大きさで起こる、極めて小さな世界の現象についての学問です。
量子力学は、夢のようなファンタジーでもスピリチュアルなものでもありません。確固とした法則性が存在していて、中には実験で証明されたものや、数式化できるものだって数多くあります。
この事実をお伝えすると多くの人が驚かれるのですが、現代の電子機器は、量子力学のさまざまな性質を利用して開発されてきました。たとえばあなたの身近にある**スマホもパソコンも、量子力学が生み出してくれた産物**です。
量子力学は、現代に生きる私たちの生活をすでに根幹から支えてくれています。

そして量子力学が力を発揮してくれるのは、そんな科学技術の方面だけに限りません。今の時代をよりよく生きるためのツールとして、僕たちひとりひとりに役立ってくれるのです。
実際、経営者や専門家をはじめとする“成功者”とされる人たちのなかには、量子力学を使いこなす人たちが珍しくありません。つまり、**知識を身につけて訓練を積めば、量子力学はどんな人にとっても力になってくれる**のです。

どんな人生も、意識ひとつで変えられる

量子力学を味方につけることで、いったいどのようなメリットが得られるのか、具体例を挙げてみましょう。

「今の人間関係を、よりよくしたい」
「ビジネスなどにおいて目標を達成したい」
「自分が望むようなパートナーや仲間と出会いたい」
「お金の不安から解放されて、経済的な自由を手に入れたい」
「精神的な充足感で満たされた状態でいたい」
「本当の自分で生きて毎日をワクワクして過ごしたい」

量子力学を知り、日々行動を重ね続けることで、このような願望はすべて現実化へと近づきます。そして人生を好転させ、物心ともにさらに豊かになっていけることでしょう。なぜなら、量子力学のような宇宙の法則のもとでは、私たちはみな**“平等”**だからです。

人は**“入力”**をすれば、必ず**“作用”**が起こるようにできています。だからあなたも、まずは意識をしたり、行動をちょっと変えてみたりしてほしいのです。

特にこの地球上は「行動の星」。自分で意識をしたり実際に動いたりする方向に、現実もつられて動いていきます。本当は誰もが、思うような現実をつくれるはずなのです。

量子力学的にいうと、未来には**“確率”**しか存在していません。でも、その確率に唯一介入して、それを上げたり下げたりできるのが、あなたの**意識**なのです。

僕はこの本を通して、量子力学のことを聞いたことあるけどわからないから知りたいという人や、本気で人生を変えたいと思っている人。自分で自分の人生をつくる、切り拓いていく覚悟があって、

その方法を知りたい人。また、生きづらさを感じていて、もっと生きやすく自分の人生を生きたい人に、量子力学を知ることでこの世の仕組みを知ってほしいと思っています。

すべてのことは自分が決められる、選べることを知ってほしいし、実践してほしい。この世は最終的に愛でできていることを知ってほしい。全人類が量子力学を正しく知ると、戦争はなくなるんじゃないかって結構真剣に思っています。

今あなたがこの本を手にとって、読んでくれている体験も、実はあなた自身がつくりだしていること。

つまりこの言葉も、今のあなたに必要な情報です。どうぞこのまま読み進めてください。

1章は量子力学の基礎、いわゆる入門編です。量子力学って何？から、素粒子の説明、「シュレーディンガーの猫」や「二重スリット実験」などの実験結果や、身近なアイテムを元に量子力学を大まかに触れています。2章は量子力学の核心に迫る中級編です。宇宙の誕生や仕組みを学び、宇宙と深くつながることで潜在意識を叶える方法について解説しています。3章は上級編で、1章、2章で解説したことをベースに、より深く自分の身体と潜在意識の関係を知り、目的を叶える方法についてアプローチしています。物理に苦手意識があったり、数式が大嫌いな人でも大丈夫。本書でも、数式は1つしか出てきません。ですから安心してワクワクしてください。

僕の量子力学の講座受講生の声についてご紹介します。

「人生の目標も見つからない状況で、SNSを見ては他人と比べてしまい、自分のダメさ加減に落ち込み、ただ周りに流されるだけの日常をどうにかしたいと、まこちん先生の講座を受講しました。そこで、目に見えないもので世界の大半は構成されている事実を目の当たりにし、多世界解釈などについても学び、だんだんと心がラクになり精神的なストレスが軽減されていきました。他人との比較がなくなり、自分の夢とやりたいことが見つかり、毎日がワクワクです」(50代 女性)

「以前の私は、自分でお金を稼ぐ方法もわからず、会社の収入に頼らなければ生きていけないと思い込んでいました。でも、まこちん先生と出会って、量子力学を学んでいくうちに、身体から潜在意識に変化を起こし、現実世界を好転させる方法が体感でき、今では副業での売上が本業の収入を追い抜く勢いで、ビジネスが進化していて、正直超驚いています」(30代 男性)

「夫婦関係、親子関係がこれまでうまくいきませんでしたが、量子力学と世の中の仕組みを知り、意識が変わり、相手に対する考え方が変わりました。それまでは心配してアレコレ言うことがあったり、気を病んだりしていましたが、家族とはいえ他人です。私にも家族にもそれぞれの人生があると考えるようになり、尊重できるようになりました。今では、自分の人生を生きていると実感でき、楽しく生きやすくなりました」(40代　女性)

　これは、ほんの一部です。これであなたも、量子力学を味方につけて人生を好転させるということがイメージできてきたのではないでしょうか。

　本書に書いてあることをそのまま実践するだけで現実に変化が起こります。もしかしたら、簡単すぎて驚かれるかもしれません。ただ、この本1冊で、今の悩みがすべて解決されるとしたら、これほど最高なことはないでしょう。

　私たち人間の"意識"は、この世で最強です。

　あなたが望む現実を、ともにつくっていきませんか。

CONTENTS

はじめに 2

quantum mechanics

第1章 ようこそ量子力学の世界へ

01 まるわかり! 量子力学の歴史 14

02 「神はサイコロを振らない」 20

03 量子力学は“奇妙な理論” 24

04 奇妙で不思議な量子力学 26

05 モノの最小単位、素粒子とは 28

06 未発見の素粒子がある? 32

07 「標準模型」を読み解こう …… 36
08 自然も人工物もみんな一緒 …… 40
09 あなたは宇宙と一心同体 …… 44
10 僕らは全員、リサイクル品 …… 48
11 みな循環の中で生きている …… 52
12 名前だけで悪者扱いしないで! …… 58
13 「粒子でもあり波でもある」 …… 64
14 正統派・コペンハーゲン解釈 …… 66
15 世界は、あなたの望み通り …… 70
16 『君の名は。』でもおなじみ …… 74
17 “理想の自分”になる方法 …… 78
18 多世界解釈の証「マンデラ効果」 …… 84
19 「多世界解釈」を使いたおそう …… 86
20 「二重スリット実験」って何? …… 88
21 重なっているのは“世界線”? …… 94

22 「量子もつれ」も活用できる …… 98

23 選択肢の多さに気づこう …… 104

quantum mechanics

第2章

「幸せになるため」の量子力学の仕組み

24 相補性原理の誕生 …… 110

25 自分をもっと大切に扱おう …… 116

26 意識を現実化させるコツ① …… 122

27 意識を現実化させるコツ② …… 124

28 意識を現実化させるコツ③ …… 130

29 意識を現実化させるコツ④ …… 132

30 最短ルート選択の法則① …… 134
31 最短ルート選択の法則② …… 140
32 最短ルート選択の法則③ …… 144
33 「不確定性原理」は人の本質 …… 150
34 宇宙誕生と「不確定性原理」 …… 156
35 宇宙と「あなた」の共通点 …… 162
36 強すぎ!「光速度不変の原理」 …… 166
37 トンデモ説?「量子脳理論」 …… 174
38 「共役波動の原理」で脱常識 …… 180
39 「ゼロポイントフィールド」 …… 186
40 宇宙と強くつながる方法 …… 192
41 「プランク時間」を味わう …… 194

quantum mechanics

第3章

夢を叶える量子力学の法則

42 「マルチバース理論」① ………… 200

43 「マルチバース理論」② ………… 206

44 身体と潜在意識の関係① ………… 212

45 身体と潜在意識の関係② ………… 218

46 身体と潜在意識の関係③ ………… 222

47 身体と潜在意識の関係④ ………… 228

48 身体と潜在意識の関係⑤ ………… 234

49 身体と潜在意識の関係⑥ ………… 240

50 身体と潜在意識の関係⑦ ………… 246

51 「人間原理」で宇宙誕生? ………… 252

52 「バイオセントリズム理論」 …… 258

53 量子コンピュータの最前線① …… 260

54 量子コンピュータの最前線② …… 266

55 「超ひも理論」を紐解く …… 270

56 「超大統一理論」の成功を夢見て …… 276

あとがき …… 282

参考文献 …… 284

第1章

ようこそ量子力学の世界へ

quantum mechanics

01
quantum
mechanics

まるわかり！ 量子力学の歴史

誕生は1900年、その父はひとりじゃない！

僕たち人間は、目で見える身近なことに疑問を持って、物理学を発展させてきました。物理学とは**「宇宙や人間はどこからきて、どこへ行こうとしているのか」**という問題を、数式や実験データ、観測などを通して論理的に解明していく学問です。

物理学に多大な功績を残してくれた、超有名人の名前を挙げてみましょう。古代ギリシャのアリストテレス、アルキメデス。17世紀以降になるとガリレオ・ガリレイ、アイザック・ニュートン……。彼らはみな「目に見える世界」の物理（物の理＝法則）を追究してきました。

それはもちろん、量子力学が生まれる前の話。ですから区別しやすいように**「古典物理学」**と呼ばれています。

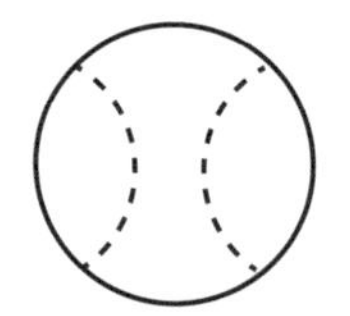

古典物理学
目に見えるものや
身近なものを扱う
例：地球やボールなど

量子力学
目に見えないものや
非常に小さなものを扱う
例：電子や原子など

ニュートンが体系化したニュートン力学をはじめ、電磁気学、熱力学、相対性理論など量子力学以前の物理学を「古典物理学」と呼びます。古典物理学の中でも巨視的で日常的な分野を扱うニュートン力学は最も知られているものでしょう。

ニュートンといえば、木から落ちるリンゴを見て「万有引力の法則」を発見した天才物理学者。彼のおかげで「目に見える世界の法則については、もうすべて解決されているよね」ということになっていました。

「見えない世界」への扉が開かれる

ところが1895年に大変な出来事が起こります。ドイツの物理学者**ヴィルヘルム・レントゲン**がたまたまX線を発見したせいで「人間の五感では関知できない物質が存在していること」が明らかになったのです。

そして「誰もが世界の真理と思い込んでいたニュートン力学でも説明できないことが存在する」とわかり、何人もの学者が研究を始めました。その結果、誕生したのが「量子力学」というわけです。

量子力学の誕生を後押ししたもうひとつが、
ドイツの鉄鋼業です。鉄が溶ける数千℃というレベルでは、高温すぎて温度計は使えません。そのため鉄を溶かす溶鉱炉の温度についてはベテランの職人が目で見て確認し、調節をしていました。

そのうち、より正確に温度を測るため「熱放射」という現象についての研究が必要になりました。しかしなぜだか従来の古典物理学では説明がつきません。

やがて1900年になり、うまく説明がつく数式を発見したのがドイツの物理学者、**マックス・プランク**でした。

プランクは「ある温度の黒体から放射される光の波長がどのように分布しているかを、数学的に表すこと」に成功します。そして「物体から放射される電磁波のエネルギー分布は不連続であること」(プランクの法則)を**1900年12月**に提唱します。それは「エネルギー量子仮説」といわれますが、それがきっかけで量子力学が生まれ、発展していくのです。ですから1900年12月が量子力学の誕生年月といってよいでしょう。

ちなみに、このマックス・プランクは「量子力学の父」と称される研究者のひとり(ほかにもいます)。1918年にはノーベル賞を受賞。そして彼の名前が冠された**マックス・プランク協会**は、今も世界最高峰の学術研究機関で、その前身も含めると30名以上のノーベル賞受賞者を輩出しています。この人数の多さは、明らかな異常値!

プランクは「誰もが知る物理学者」とはいえないかもしれませんが、実はスゴい人。アインシュタインが打ち立てた、あの有名な「相対性理論」の名づけ親でもあります。

プランクを後押ししたのがアインシュタイン

とはいえ「目に見える世界は、古典物理学ですべて説明できる」と信じてきた物理学者らが、量子力学を突然すんなりと受け入れられるわけがありません。

プランクが発表した法則をうまく利用して「光電効果」という現象を上手に説明したのがアインシュタインでした。

プランクが「エネルギー量子仮説」を提唱した1900年の5年後、アインシュタインは「光量子仮説」を発表。「光は粒でも波でもある」という「光の二重性」(65ページ)について提唱します。

つまりアインシュタインも、プランクと同じく量子力学の創始者のひとり。ですがのちに、量子力学の考え方に反対の立場をとり、論争を巻き起こします。後年に提唱された**「コペンハーゲン解釈」**という説を**「不気味」**(Spooky)と酷評。どうしても受け入れませんでした。

その後、ドイツのヴェルナー・ハイゼンベルク、オーストリアのエルヴィン・シュレーディンガーらによって量子力学の理論が構築されていきました。

ハイゼンベルクといえば**「不確定性原理」**、シュレーディンガーといえば**「シュレーディンガーの猫」**などが有名です(これらについては、これからくわしく見ていきます)。1925年頃には、この2人によって「量子力学が確立された」と形容してもよいでしょう。

駆け足で量子力学の歴史を追ってきました

が、大きな流れをざっとつかんでいただけたでしょうか？

日本には天才・湯川秀樹がいる！

「全部ヨーロッパの話なの？」

そんな声も聞こえてきそうですね。たしかに20世紀前半まではその通り。そもそも発祥がヨーロッパですしね。ただ、独学で量子力学を学び、太平洋戦争の敗戦からわずか4年後にノーベル物理学賞をとった日本人の天才物理学者がいます。

そう、**湯川秀樹**博士です。名前だけは見聞きしたことがありませんか。

湯川博士が大学を卒業した当時、世界では目に見えない「素粒子」にまつわる学問が興り、原子核の構造などが明らかになりかけていました。

もちろん、当時の日本にその分野の専門家はいませんでした。ですから湯川博士は、海外の論文などを研究していたそうです（高校生のときに英語で量子力学の書物を読んでいたそうです）。

そして27歳のときに書いた論文でノーベル物理学賞を受賞します。1949年のことでした。それは「中間子」という存在を予言した、画期的な理論です。

それからは日本でも量子力学の研究が進み、その研究者らが相次いでノーベル物理学賞を受賞し始めます。

1965年には朝永振一郎（ともながしんいちろう）博士、1973年には江崎玲於奈（えさきれおな）博士、2002年には小柴昌俊博士。2008年には南部陽一郎博士、小林誠博士、益川敏英博士らの同時受賞……。名前を挙げだすときりがありませんが、このように**日本の学者たちも量子力学と関連ある分野でノーベル物理学賞を続々と受賞**しています。

ですから、量子力学はヨーロッパだけで発展した学問ではありません。そしてもっというと、今なお進行形の学問です。
量子力学については今も数多くの謎が山積みになっていて、世界中で実験や論争が行われ続けています。
学問にはさまざまなジャンルがありますが、**量子力学とは発展途上のまだ若い学問**なのです。

とはいえ量子力学が、私たちの生活をより高度に、より豊かにしてくれているのは間違いありません。量子コンピュータや量子通信といった量子力学の性質を活用することで、初めて可能となる技術も多く存在しています。それらを**「第二次量子革命」**と呼ぶ人もいます。
まこちん流にいうと**「謎が多いけれども、超役に立ってくれる」**。量子力学とは、そんな不思議な学問なのです。

02

quantum mechanics

「神はサイコロを振らない」

量子力学を疑いつつも育てた“父”

ここで、よくある誤解についてお話ししておきましょう。それはアインシュタインの**「相対性理論」**についてです。

「E = mc²」という式を根幹として、アインシュタインが完成させた超有名な理論です。「特殊相対性理論」と「一般相対性理論」をまとめて相対性理論と総称します。

その要旨をわかりやすく、まこちん流に超訳すると次の3点に集約されます。

①「この世にあるものは、ほぼすべてが相対的。見る人や関わる人によって姿も意味も変わってしまう。ものの長さや時間のスピード、光の到達する順番でさえ相対的。見る人によって異なる。つまり**世の中に『正解』などない。この世の色んな現象は、みーんなあんた次第**なんやでぇ」

ニュートン力学における絶対時間　相対性理論における「主観的な」時間

②「すべての物体はエネルギーが変形したものであり、それはたとえ静止していても超絶すごいエネルギーを持っている。もちろん人間ひとりひとりも、すごいエネルギーに満たされている。なんなら、**人間そのものが莫大なエネルギーのかたまり**で、それ自体に大きな価値がある」

③「**宇宙に存在するパワーの中で、最強なのは“愛”！**」
僕は、この「相対性理論」が大好き。もちろん僕が取り上げるまでもなく「相対性理論」が古典物理学の到達点なのは間違いないでしょう。しかし厳密にいうと「量子力学」の理論ではないので、本書でくわしくは取り上げません。
さまざまな書籍が出ていますから、興味がある方はぜひ学びを深めてくださいね。

量子力学を疑い続けたアインシュタイン

面白いのは、アインシュタインの“立ち位置”です。生涯をかけて完成させた「相対性理論」は、量子力学の範囲ではありません。そして彼は生涯を通して「量子力学」を認めず、反対し続けました。しかし実際は、彼が猛烈に反対をし続けてくれたおかげで、量子力学上“最も大きな謎”への理解が深まることになったのです。また彼自身、量子力学の分野でノーベル物理学賞をかっさらっています。

アインシュタインは量子力学のいったい何が気に入らなかったのか。かいつまんで言うと、**「実験の結果が偶然に決まる」**点です。ここに古典物理学と量子力学の大きな違いが凝縮されているので、わかりやすくご説明しますね。

そもそも古典物理学とは「ものの動きを説明し、予測できるようになること」を目指す学問です。つまり「条件を揃えた状態で実験をすれば、同じ結果になる」という再現性が重視されます。
でも量子力学の実験の場合は「結果が偶然に左右されること」が珍しくありません。「確率」で決まってしまうことが多いのです。しかも観測するまで物事の状態は決定されない場合も多々あります。なんとも不確定な話ですし、古典物理学に比べるとモヤモヤしますよね。

そのような量子力学に対して、アインシュタインは**「神はサイコロを振らない」**（Der Alte würfelt nicht）と言い、反対する立場をとり続けます。ここでいう“神”とは宗教的なものではなく、自然の法則や秩序を指す表現です。

「『神はサイコロを振らない』って、聞いたことがある！」
そんな声も聞こえてきそうですが、大正解。日本では小説やドラマのタイトル、そしてバンドの名前にもなっています。たしかにカッコいいフレーズですから、さまざまなジャンルで使われるのは納得ですよね。
本書をせっかく手にとってくださったからには、その意味をざっくり理解して「実は**量子力学への“異議申し立て”の言葉**なんだよ」と話せるようになってください（笑）。

アインシュタインは「世の中の事柄はすべて物理学によって正確に説明できる」と信じていました。実験の結果に「確率」が絡んでくることに耐えられなかったのです。「確率が介入してくるなんて、理論体系が不十分である証拠だ」と捉えていました。

だからこそ「神はサイコロを振らない（確率なんかに左右されるはずがない）」といぶかしみ、1935年に量子力学の不完全さを主張する論文を発表しています。その論文で取り上げられているのが、**「量子もつれ」**（98ページ）という不思議な性質です。アインシュタインはこの「量子もつれ」に疑いを投げかけました。

80年以上もかけて解かれた謎

この問題に決着がついたのは、ごく最近のことです。2022年、3人の研究者がノーベル物理学賞を受賞しました。

フランスのパリ・サクレー大学のアラン・アスペ教授、アメリカのクラウザー研究所のジョン・クラウザー博士、オーストリアのウィーン大学のアントン・ツァイリンガー教授。彼らはアインシュタインが疑った「量子もつれ」が理論上成立するだけでなく、実際に存在することまで証明しました（つまり、アインシュタインが間違っていたのです！）。

結果、3人の研究は量子コンピュータや量子通信など量子力学の実用化に向けて大きく貢献することになりました。

冷静に考えると、この「量子もつれ」という問題が解決するまでに、ざっくり**80年以上もの歳月がかかった**ことになります。アインシュタインが疑ったのが1935年。この3人がノーベル賞を受賞したのが2022年の話ですからね。

もちろん量子力学において、未解決の問題はほかにも山積みです。「あなたが研究者となって量子力学の体系を完成させる」、そんな世界線もあるかもしれませんよ！

03 量子力学は“奇妙な理論”

quantum mechanics

その魅力にとりつかれた天才たち

「アインシュタインは量子力学の理論を疑った」とお伝えしました。その理由は「すべては確率」であり「観測するまで物事の状態は決定されない」から。「実験の結果が偶然に決まる」から。
彼はそのあいまいさが受け入れられなかったのです。

もちろんアインシュタイン以外の科学者たちも、量子力学の世界を理解しようとして頭を悩ませてきました。量子力学の確立に尽力した天才たちですらそうなのですから、僕たちにそれが難しく感じるのは当然でしょう。
あなたが本書を読む過程で、もし意味をとりにくい箇所があったとしても、まずは一度読み通すつもりでどんどん読み進めてください。そのうちに理解が深まっていきますから。

量子力学の立役者ら、今風にいうと「中の人」たちが量子力学をどのように捉えていたか、ご紹介しておきましょう。発言は『量子革命　アインシュタインとボーア、偉大なる頭脳の激突』（マンジット・クマール著／青木薫訳／新潮文庫）からの引用です。

「まるで足もとの大地が下から引き抜かれてしまったかのように、確かな基礎はどこにも見えず、建設しようにも足場がなかった」
（アルベルト・アインシュタイン）

「量子論にはじめて出会った時にショックを受けない者に、量子論を理解できたはずがない」
（ニールス・ボーア／※のちにアインシュタインと論争）

「（量子力学は）真に理解している者はひとりもいないにもかかわらず、使い方だけはわかっているという、謎めいて混乱した学問領域である」
（マレー・ゲルマン）

「現在、物理学はまたしても滅茶苦茶です。ともかくわたしには難しすぎて、自分が映画の喜劇役者かなにかで、物理学のことなど聞いたこともないというのならよかったのにと思います」
（ヴォルフガング・パウリ）

じつは物理学者すら理解不可能？

また量子コンピュータの発案者**リチャード・ファインマン**は、アインシュタインの死後10年後の1965年に、こう述べています。

「量子力学を理解している者は、ひとりもいないと言ってよいと思う」

どうでしょう、なんだか安心しますよね。だって「中の人たち」が、「そもそも量子力学なんて、理解できない」と言ってくれているわけですから（笑）。それほど“奇妙な学問”なのです。

04
quantum mechanics

奇妙で不思議な量子力学

理論をくわしく知る前に、謎を楽しもう

前の項目で「量子力学とは奇妙な学問だ」とお伝えしました。そう言われると「どんなふうに“奇妙”なの？」と気になりますよね。そこで、わかりやすい事例を2つご紹介します。

【事例①】毎回なぜか異なる計測結果！

あなたが体重計に乗り、体重を測ったとします。たとえば「50kg」という数値が出たとき。体重は「50kg」と考えるのが普通でしょう。でも量子力学が支配するミクロの世界では、同じモノをまったく同じやり方で測っても、**毎回異なる数値が出る**ことがあるのです。目に見える世界に置き換えて考えると、たとえば「30kg」「10kg」「100kg」……。この事例は、量子力学の不思議な世界の一端を象徴している不確定性原理です。

【事例②】物質が物質を通り抜ける世界！

この現実世界で、あなたが目の前にある壁を通り抜けることはないでしょう。たとえあなたが壁にもたれかかっても、はね返されるだけ。ですが量子力学の世界では、事情がまったく異なります。ミクロな物質が“壁”を通り抜ける現象は、一定の確率で起こります。そんな現象を**「トンネル効果」**と呼びます。

トンネル効果は、理論的には1920年代から提唱されていました。そして1950年代、実験によってトンネル効果を起こすことにようやく成功したのが、**江崎玲於奈**博士です。彼はその功績から1973年にノーベル物理学賞を受賞しています。

江崎博士は「半導体に電圧をかけて電流を測定する」という実験を繰り返し、「トンネル効果」の存在を証明。そしてその現象をもとに「エサキダイオード」という半導体を使った電子部品として実用化し、世界中を驚かせました。つまりスマホやパソコンなどの便利な電子機器を私たちが享受できるのは、江崎博士のおかげでもあるのです。

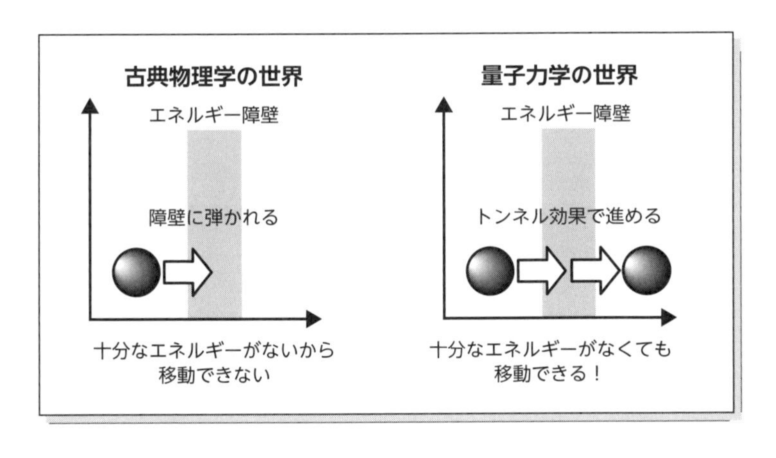

すべては素粒子の状態にかかっている

「私たち人間が壁をすり抜けることはできないの？」

そんな声も聞こえてきそうです。人の体は**素粒子**でできているため、その素粒子すべてが壁を通り抜けることができれば、「壁のすり抜け」は理論上可能です。とはいえその確率は、限りなくゼロ（物理学の世界では「確率が極端に低い現象＝実際には起こらない」とみなされます）。将来、人体を構成する素粒子の状態を操れるようになれば可能になるかもしれませんね。

05

quantum mechanics

モノの最小単位、素粒子とは

この世の最小パーツ

自然科学の分野には多くの謎があります。中でも「①物質とは何か」「②宇宙とは何か」「③生命とは何か」という問題は「3大謎」と呼ばれ、世界中で追究され続けてきました。ここで取り上げるのは「①物質とは何か」という命題です。

古代ギリシャの哲学者は、「火、空気、水、土」という4つの要素から物質的宇宙が構成されていると想像していました。やがて時代が進み、現在では**「物質は素粒子から構成されている」**ことがわかっています。

「素」という文字には意味がある

僕たちの身のまわりには、さまざまな物質が存在しています。なんなら、僕の体も“物質”のうちです。このように目に見えるものを、目に見えない極限のレベルにまで分解していったとき。最後に残る最小単位が**“素粒子”**なのです。

レゴのブロックを想像してみてください。さまざまな大きさのパーツを組み合わせて遊べるのがレゴの醍醐味ですよね。このレゴの基本的なシリーズには、とても小さなパーツが含まれているのをご存知でしょうか。

「1×1」というサイズの円形や正方形のパーツがあります。それを重ねると、より大きな形をつくることができます。でも、最小のパーツをそれ以上に細かくすることは不可能。その点が、素粒子とよく似ています。

そもそも素粒子の「素」とは「これ以上小さくできない」という意味です。

意外！“原子”は最小の単位ではない

「じゃあ、理科の授業で習った“原子”も素粒子なの？」

素粒子の話をするとよくいただくのが、この質問です。

原子といえば「水兵リーベ……」という呪文のような覚え方で、原子番号の1から順に覚えましたよね。

原子は、現在**118種類存在する**ことが明らかになっています。つまり身の周りのモノをバラバラに分解したとします。「原子」のレベルで見ると、118種類の原子のいずれかに相当することになります。

とはいえ恐ろしいことに、物質はさらに分解できます。ですから「原子」は素粒子ではありません。じつはまだまだデカいほう。そんな物質の構造を「人体」を例に見ていきましょう。

人体も水も、分解したら同じ構造？

まず、人は**「細胞」**でできています。

細胞はさまざまな**「分子」**から構成されています。

分子はいくつもの**「原子」**からできています。

原子の構造は面白くて、**「原子核」**と、その周りを雲のように存在している**「電子」**とに分解できます。この電子こそ、じつは素粒子。電子とは「レプトン」というグループに属する素粒子のひとつです。

さらに細分化を続けましょう。

原子核は**「陽子」**と**「中性子」**とに分解できます。

陽子と中性子は**「アップクォーク」**と**「ダウンクォーク」**からできています。このアップクォークとダウンクォークもやはり素粒子の仲間です。

つまり人体を分解した場合、最終的にたどりつく素粒子は**「電子」「アップクォーク」「ダウンクォーク」**の3つです。

現在、素粒子には17の種類があることがわかっています。ただ未発見の素粒子がいることがうかがわれるため、増える可能性はあります。

この構造は、目に見えるモノすべてに共通しています。

驚かれるかもしれませんが、僕の体もあなたの体も、犬も猫も、水も木も、目に見えるモノはすべて数種類の素粒子からできているのです。

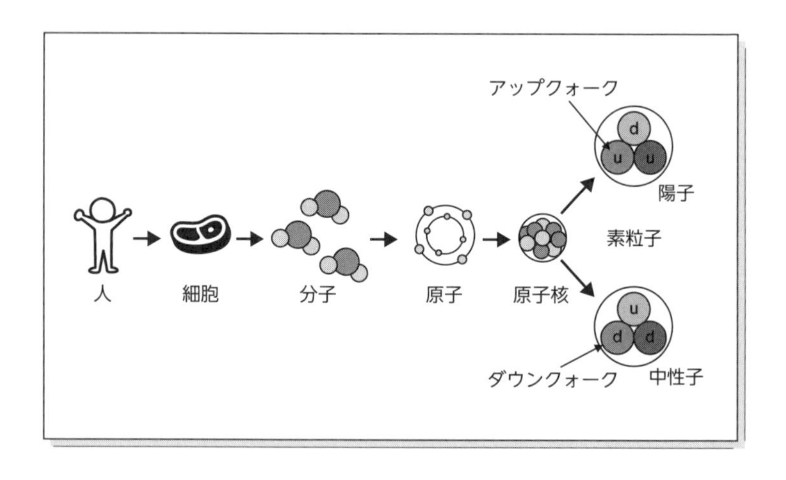

もう一例、水を細かく見る例も挙げておきましょう。
水を細かくすると、水の**「分子」**になります。
水の分子は、**「酸素原子」**と**「水素原子」**に分解できます。
酸素原子を細かくすると、**「原子核」**と**「電子」**になります。
原子核を細かくすると、**「陽子」**と**「中性子」**になります。
陽子と中性子を細かくすると、**「アップクォーク」と「ダウンクォーク」**になります。

つまり水を分解した場合でも、最終的にたどりつく素粒子は「電子」「アップクォーク」「ダウンクォーク」の3つです。

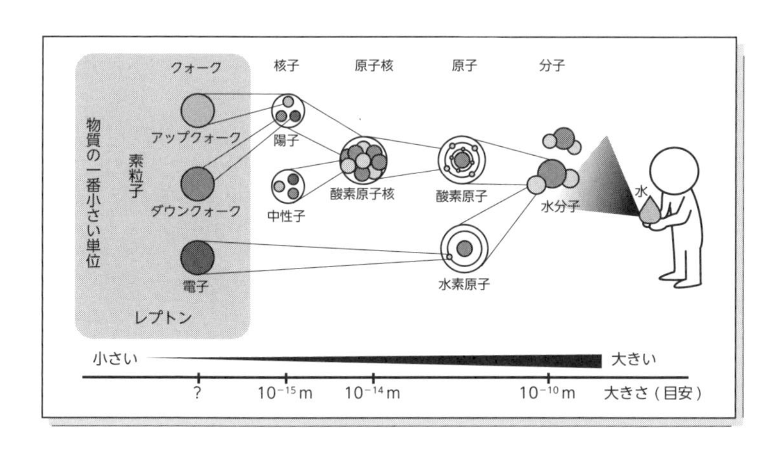

06
quantum mechanics

未発見の素粒子がある?

学校の授業で量子力学を教えない理由

「素粒子について学校でも教えてくれたらいいのに」

そんな声をよくいただきます。ただ素粒子については、わかっていないことがまだ山積みの状態なのです。

素粒子の種類は1960〜70年代に理論的に予測されていたものの、本当にあると確認されたのは、最近のこと。現在進行中の学問なので「教科書には載せにくい」ということなのでしょう。

物理学は大きく2種類に分かれる

そもそも量子力学の世界では「理論的な予測」と「実証されること」のあいだに数十年という大きな単位で時差が生じることが珍しくありません。

その背景には、物理の専門家が**「理論物理学」**と**「実験物理学」**という二手に分かれていることも影響しているでしょう。「過去の理論やデータを見ながら予測をして仮説を立てる段階」と「実験を繰り返してそれを実証する段階」という2種類が存在するため、どうしても時間がかかるのです。

たとえば2008年にノーベル物理学賞を受賞した小林誠博士と益川敏英博士という2人の日本人がいます。

彼らが1973年に「素粒子を分類するグループのひとつ、**クォークには6種類の素粒子がある**」と予測しましたが、6種類が実際に見つかったのは1995年のことでした。**実証するまでに約20年**の歳月がかかっています。

また2012年に発見が伝えられた素粒子**「ヒッグス粒子」**は、すでに1964年にピーター・ヒッグス博士やフランソワ・アングレール博士たちに予想されていました。こちらは**仮説を実証するまでに50年近くの歳月を要した**ことになります。

普通の感覚でいうと、「時間かかりすぎ！」ですよね（笑）。しかも「事実」とされてきた事柄が覆る可能性もありそう……。そんな事情もあり、学校ではなかなか教えられないというわけです。だからこの本と一緒に考えていきましょう。

仮説提唱者	内容	仮説発表	実証
小林誠 益川敏英	クォークには6種類の素粒子がある	1973年	1995年
ピーター・ヒッグス フランソワ・アングレール	ヒッグス粒子の存在	1964年	2012年

物理ファンを楽しませてくれる未解決の謎

“学問的に未完成”ということは、楽しみもあります。僕たちが生きているあいだに新事実がどんどん発見されるということですから。

たとえば、誰でも知っている「ブラックホール」という言葉も、実態はまだ解明されていませんから。

一例を挙げてみます。

「レプトン」というグループに分類される素粒子のひとつに**「ミューオン」(ミュー粒子)** があります。

2021年、そして2023年。アメリカのフェルミ国立加速器研究所で行われた「ミューオンg-2実験」で、ミューオンの“奇妙なふるまい”が観測されます。予想とはまったく異なる首振り運動が見られたのです。

じつはこの現象、同じくアメリカのブルックヘブン国立研究所でも2001年に起こっており、物理学者たちをずっと悩ませていました。そこで「首振り運動がここでも見られたのは単なる偶然ではない」という見方が強まっています。

このミューオンは、「電子」と似ています(ミューオンも電子も「レプトン」に分類される素粒子です)。

とはいえミューオンは電子の200倍の重さがあることから**「太った電子」**というニックネームがつけられています。X線のように物体を通過できるため、エジプトのピラミッド内部に隠れた部屋を見つけたり、火山の内部をのぞいたりする際に活躍している素粒子です。

そんなミューオンの内部には小さな磁石状のものがあり、磁場が存在すると回転するコマのような**首振り運動**をするのだとか。
その奇妙なふるまいは標準的な理論からは説明不能なのです。

では、いったいなぜ首振り運動をするのでしょうか。
さまざまな理由が考えられますが、未知の素粒子による影響ではないかという見方もあります。
つまり**未知の素粒子が存在するかもしれない**ということ！
この謎が解ければ、量子力学の他の大きな謎も一気に解決するかもしれません。

このように現在進行形の“ワクワクする問い”を抱えているのが量子力学。その謎の多さゆえ「学校（高校までの授業）では教えていない」という事情があるのかもしれません。
もちろん量子力学を学べる大学の学部は、全国に数多く存在していますよ。
理学部、理工学部のある大学を探して、確認してみてください。

07
quantum mechanics

「標準模型」を読み解こう

素粒子にもそれぞれ役割がある!

前に「素粒子には17種類ある」とお伝えしました。それらは、次のような表にまとめられています。**「素粒子の一覧表」「標準模型」**などと呼ばれています。

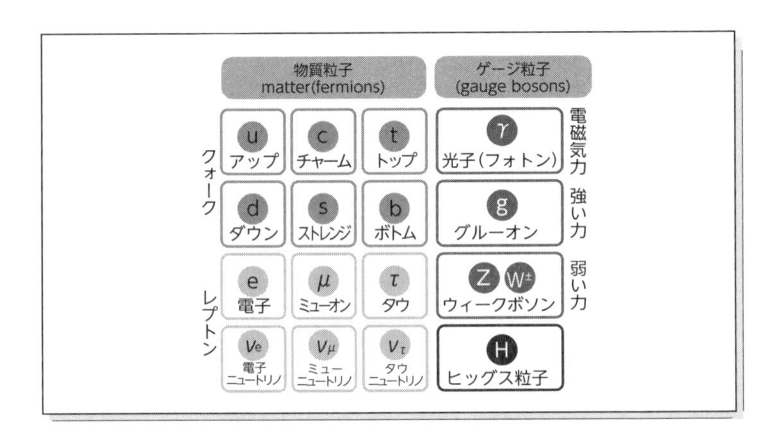

「クォーク」「レプトン」に分類される素粒子たちは、物質を構成することができます。

とはいえ物質を形づくらないものも含みます。これらを**❶物質をつくる素粒子**と呼びます。

「ゲージ粒子」に分類される素粒子たちは、力を伝えたり、相互作用を媒介します。これらを**❷力を伝える素粒子**と呼びます。

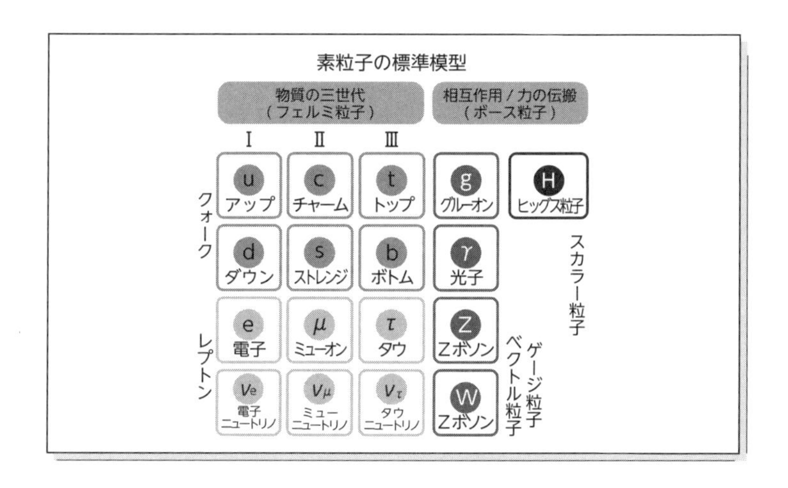

そして「ヒッグス粒子」（スカラー粒子）には、仲間がいません。「ほかの素粒子に質量をもたらす」という独特な特徴を持っています。**❸質量を与える素粒子**と呼びます。

ここから細かく見ていきましょう。

❶物質をつくる素粒子（レプトン、クォーク）

このグループについては、イメージしやすいのではないでしょうか。また6種類の仲間からなる「クォーク」については、その名を見聞きしたことがあるかもしれません。じつはこのクォーク、宇宙が誕生した直後から、ただのひとつも壊れておらず、数も変わっていないとされます。

要は約138億年ものあいだ、今に至るまでずーっとリサイクルされ続けてきたというわけです。想像するだけで気が遠くなりますが非常に興味深い説です。

❷力を伝える素粒子（光子、グルーオン、ウィークボソン〔ZボソンとWボソン〕）

このグループについては、説明が必要でしょう。

素粒子と素粒子は、互いになんらかの力をやりとりして、影響を及ぼし合っています。では、いったいどんな“力”をやりとりしているのでしょうか。

それは宇宙に存在する「４つの力」（自然界で素粒子に働く「４つの力」）としてすでに発見されています。**「電磁気力」「強い力」「弱い力」「重力」**。そして、それぞれを担当する素粒子が明らかになっているのです。

電磁気力を伝える
光子

強い力を伝える
グルーオン

弱い力を伝える
ウィークボソン

重力を伝える
グラビトン

γ「電磁気力」…光子

僕らの身のまわりで見られる電気や磁気と同じ力です。光が電気や磁気の力を伝えているのだと理解してください。

g「強い力」…グルーオン

かなり強い力です。先に述べた「電磁気力」より強いことから、この名がついています。クォーク同士をくっつけて陽子や中性子をつくります。

また陽子と中性子をくっつけて、原子核をつくっているのも、じつはこの力です。

Z⁰ W⁻ W⁺「弱い力」…ウィークボソン〔ZボソンとWボソン〕
「電磁気力」より弱いことから、この名前がついています。素粒子の種類を変える力です。たとえば太陽は核融合反応によってエネルギーを生み出していますが、それに必須なのがこの力です。

G「重力」…グラビトン（未発見！）
「重力」とは質量のあるものを引き付け合う力のこと。物理学の世界では「四つの力」が定義されている以上「重力を伝える素粒子も絶対にあるはず」という前提で“未発見”とされています。

❸質量を与える素粒子

このグループには「ヒッグス粒子」だけが分類されます。この素粒子も、予言から発見までに約50年が費やされています。発見当時、「質量を生み出す“神の粒子”」とキャッチーに報道されたこともあり、広く浸透した存在です。

僕らがヒッグス粒子を使いたおす方法

また「宇宙空間はヒッグス粒子で埋め尽くされている」という説があります。宇宙空間を“水あめ”のように満たして、質量を持たない素粒子たちに、それを与えてくれるヒッグス粒子。その役割は、バラバラの素粒子たちを物質化させることなのです。

この事実をまこちん流に解釈すると……。

ヒッグス粒子を味方につければ「好きなこと」がうまくいく、ということ。あなたがもし集中して大好きなことに没頭し、意識をフォーカスして、潜在意識を好きなことで埋め尽くしていたら。**その意識にヒッグス粒子が質量を与えて物質化、現象化してくれる**のではないでしょうか。

08
quantum mechanics

自然も人工物もみんな一緒

AIと共存する未来を楽しみにする

ここから、よりわかりやすい話をいたしますね。
「私たちのまわりの物質は、素粒子の組み合わせでできている」とお伝えしました（28ページ）。
この考え方を逆にしてみましょう。すると“自然”も“人工物”も、**素粒子という同じ素材からできているという意味では“本質的に同じ”。**そういえるのではないでしょうか。

たとえば風に揺れる花も、かわいらしい猫も、高くそびえる東京タワーも、鉄のかたまりであるあなたの車も、分解すればすべて素粒子。物理的に、宇宙的に見たら、なんの差もない同素材からできています。ただ、その組成が違うだけ。それに、人が線引きをしたり名前をつけたりしているだけ。
だから「どちらが善でどちらが悪」「どちらがホンモノで、どちらがニセモノ」「どちらが高級で、どちらが安物」……。そんな対立の構図で語られるものではないでしょう。

自然も人工物も、本質的に同じ。そんな広い視野で世界や宇宙を眺めたら、よりフラットで面白い現実が見えてくるはずです。そんなワクワクする世界に、あなたも僕も生きているんです。

ホーキング博士が予言したAIとの未来

「人工」といえば近年取り沙汰されているのが人工知能、いわゆるAIでしょう。「車椅子の天才」といわれたあの**スティーヴン・ホーキング博士**は「**AIが人に代わって地球の覇権を握っても驚かない**」と、生前に語っていました。その理由は明快です。「**どちらも素粒子からできているという意味では同じ**だから」。

生命体として繁栄していくのに、僕たちのような生身の体や細胞を持っている必然性はまったくないというわけです。

そんな博士の言葉に、不安や心配を持つ人は多いようです。

たしかにAIの暴走や人間との対立が生じるとすれば、由々しき事態です。「AIがいつしか自分の意志を持ち、人間たちに対して反乱を起こしたらどうしよう」などと考えてしまいます。

この問題については議論が盛んですが、物理的な見地から考えると、たしかにホーキング博士が指摘するように**「AIが人に代わって地球の覇権を握る」ようになってもおかしくはない**と感じます。

とはいえ、今からビクビクと心配することはありません。もしあなたのSiriやAlexaなどが暴走し始めたら、とりあえず電源を切りましょう（笑）。

人類の仕事がAIに奪われたらどうする？

実際、AIの能力の高さや進化のスピードには驚かされます。例を挙げると枚挙にいとまがありませんが、自動運転や、蹴飛ばしても倒れないロボット、ホテルの窓口で接客ができるロボット……。また製造から配達完了まで「ひとりも人間が入らないシステムを構築中」などという製造業の話を聞いたこともあります。

そしてイギリス・オックスフォード大学のマイケル・A・オズボーン教授は**「人間が行う仕事の約半分が機械に奪われる」**という衝撃的な研究結果を発表しています。

それを聞いて、あなたはどのように感じますか？「仕事がなくなっちゃう」と心配になりますか？　それとも「ラクになっていいじゃん」と思いますか？

生身の人間から、AIやロボットなど人工的なものに置き換わっていく仕事は、これからますます増えていくでしょう。その流れはもう止めようがありません。それならもう開き直って、全部AIにやってもらえばいいのではないでしょうか（笑）。

そうすれば、人間はますます人間にしかできないこと、すなわちより人間らしい仕事に専念できることになります。AIのおかげで捻出できた時間は「自分が追求したかったこと」や「どうしても知りたかったこと」に使えばいいのです。

つまりAIに活躍してもらえば**「より多くの人が“よりやりたいこと”をやれる時代」**がやってくるでしょう。それは決して悪くない未来のはずです。

少なくとも「人工のもの」を敵視したり、恐れすぎたりする必要はありません。だって、人工的なものも自然のものも「素粒子からできている」という点で同じなのですから。

あなたがもしAIと差別化をしたいと願うなら、AIにはできないことを大事にすればいいのです。たとえば生身のあなたが**行動**を積み重ね、**五感**を通して感じたことをアウトプットに活かし続けることです。

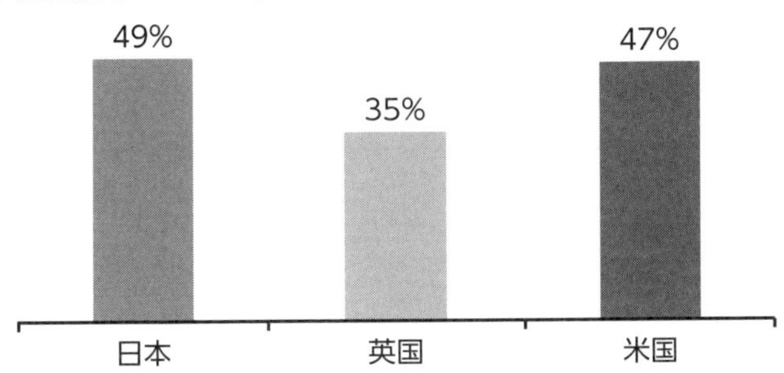

人工知能に代わられる主な仕事	
電話営業員	タクシー運転手
手縫い裁縫師	法律事務所の事務員、秘書
不動産ブローカー	レジ係
税務申告書作成者	クレジットカードの審査員
経理担当者	小売り営業員
データ入力者	医療事務員
保険契約の審査員	モデル
不動産仲介業者	コールセンターのオペレーター
ローン審査員	飛び込み営業員
銀行窓口係	保険営業員

生き残る仕事	
ソーシャルワーカー	小学校の先生
聴覚訓練士	心理カウンセラー
作業療法士	人事マネージャー
口腔外科医	コンピューターシステムアナリスト
内科医	学芸員
栄養士	看護師
外科医	聖職者
振付師	マーケティング責任者
セールスエンジニア	経営者

※英オックスフォード大学、マイケル・A・オズボーン教授の論文
「未来の雇用」で示された職種から抜粋

09
quantum mechanics

あなたは宇宙と一心同体

モノ、空間、思考に境目なんてない？

この世の“物質”のすべては、素粒子でできています。人の体も、水も、突き詰めれば素粒子の組み合わせでしかありません。“物質”には到底見えないこと、たとえばあなたの**思考（空想や妄想）**、そして**空間**も、物理的に解析をしていくと、じつは素粒子でできているのです。

まずは「思考も素粒子」というところから見ていきましょう。
僕たちの思考、つまりいろいろ考えをめぐらせたり、空想をしたりする営みは、脳の中で行われます。
脳内の化学物質や電気信号によって起こりますが、そもそも**“化学物質”も“電気信号”も素粒子**でできています。だから「思考そのものも、素粒子」と考えるのが自然なのです。
これらは目に見えない話。でも、あなたの“思考”は確実に存在しているはず。もちろん、素粒子としてです。

“空間”のほうが真の実体だった？！

次に「空間も素粒子」という点についてお話ししましょう。
アインシュタインは、空間とは実体であると解釈をしています。「相対性理論」では「時間」も「空間」も決して絶対的な存在ではなく、物質と相互に作用し合って、ときに縮んだり、曲がったり、まるでゴムのようにふるまう**“弾性体”**だと説かれています。不思議に聞こえますが、そんな実体の中に地球も僕たち人間もいるわけです。

さらにいうと「空間こそが“本体”」という考え方もあります。たとえば超有名な**『古事記』**には**「高天原（たかまがはら）」**という空間が登場します。日本神話で、天照大神（あまてらすおおみかみ）をはじめ多くの神々が住んでいたとされる天上の世界のことです。その記述をよく読むと“空間”が先に登場して、そこから神々がだんだんと現れてくることがわかります。つまり**空間こそがすべての始まりであり“本体”**という見方ができるのです。

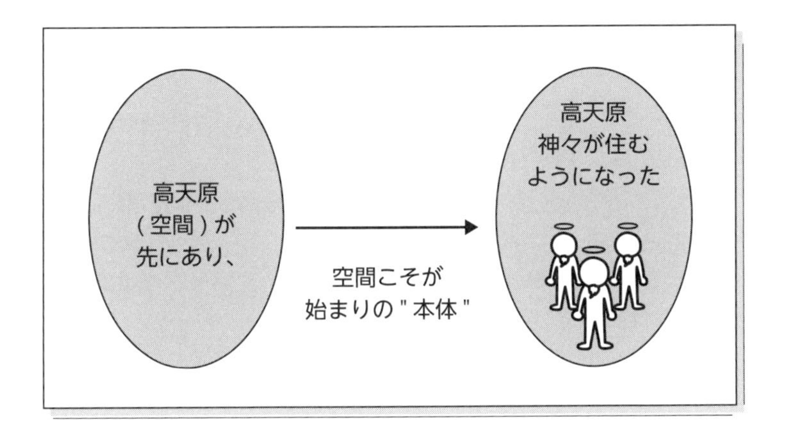

このように素粒子レベルで見ると、身のまわりのあらゆるモノも、思考も、そして空間すらも大差はありません。むしろ“まったく同じもの”。**あなたと空間のあいだには境目すらない**というわけです。

人が「あなたの体」とそれ以外のモノや空間に境界線を引いているだけで、素粒子レベルで物理的に見ると「境目」など存在しないのです。

「あなたの思考」とそれ以外のモノや空間の関係についても、そう。素粒子が存在するのが脳の中か、外か。場所が違うだけ。

ということは、あなたの脳内の思考が、現実の世界に染み出してきてもおかしくはありません。

あなた自身が、じつは宇宙そのものだった

そしてこの考え方を突き詰めると、あなたの体や思考は“空間の一部”であり、もっというと“宇宙の一部”、つまり常に宇宙と一体ということになります。

あなたは**「宇宙とつながっている」どころか「宇宙と一体」**というわけです。

「人は宇宙と一体である」、このような原則を**「同化の原理」**といいます。れっきとした物理の世界の話です。

あなたが宇宙と一体だとしたら「変えられない外側」なんて存在しないはず。よく考えてみてください、「どうにもできない外側」なんて存在しませんよね。**だって、その外側も本当はあなた自身なのですから。**

自分が望んだことは、身のまわり、そして宇宙全体に自動的に伝わるわけですから「状態や状況が、望み通りに変わっていって、やがて現実化してくれる」。

そう考えるほうが科学的で合理的な気がしませんか。

“外側”つまり環境も、現実も、あなたを取り巻くすべてのものは、あなた自身でどうにでも変えられます。この原則を腹落ちさせて“あなたの宇宙”をもっともっと意図的に、好きなように動かしていきましょう。

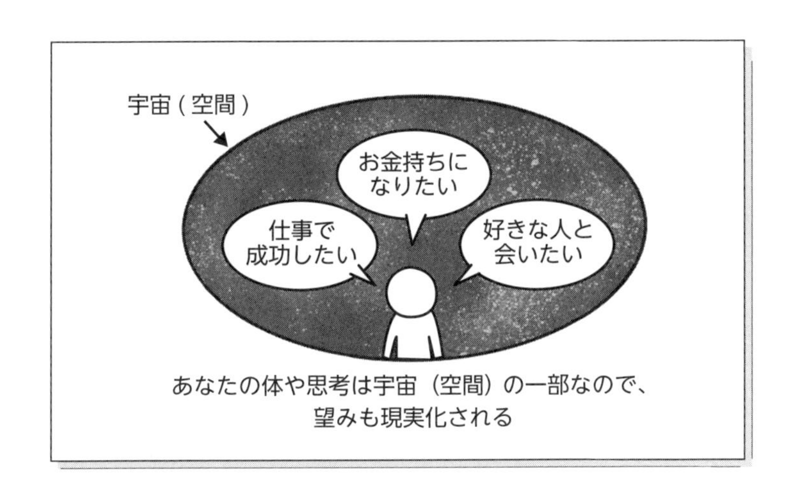

仏教の有名すぎる“あの言葉”の意味

2000年以上も前に、仏教の世界でこう言われています。「色即是空、空即是色」。読み下すと「物質（色）は即ち空間（空）であり、空間（空）は即ち物質（色）である」。これを分解してみます。

「色」…形ある物質や現象
「空」…実体がない状態
「即是」…2つでひとつ

つまり「色即是空、空即是色」とは**「あなたが宇宙、宇宙があなた」**と超訳できます。量子力学も仏教も、「僕らの心が世界を生み出している」と説いているのです。

10
quantum mechanics

僕らは全員、リサイクル品

“宇宙”という持続可能な仕組み

「量子力学的にいうと、私たちは死んだらどうなるの？」
こんな質問をよくいただきます。一言でお答えすると、ズバリ**“再利用”**されます。

地球での人生を楽しみ切ったあと。あなたの体は素粒子にまで分解され、それはいつかまた、宇宙のどこかでリサイクルされることになっています。
宇宙ではそんな営みが、ずっと繰り返されています。
この循環は、仏教でいうところの**“輪廻転生（りんねてんせい）”**の考え方にどことなく似ていますよね。
なんといっても輪廻転生とは「生命が死後、再び新たな存在として生まれ変わる」という概念ですから。

もちろん、それがいつになるのか、何に再利用されるのかについてはまったくわかりません。
数億年あとに、別の惑星の生物の細胞の一部として生まれ変わるかもしれません。どこかの星を覆うガスの一部になるかもしれません。
面白いのは、リサイクルされるたびに「前世の記憶はリセットされる」という点です。
「前世の記憶が（断片的に）ある」という人も中にはいるかもしれませんが（混乱を避けるためにも）基本的には消える仕組みになっているようです。

そう考えると、やはり**僕らの心身は宇宙そのもの**だと思えてきませんか。だって僕らはみな、宇宙全体で138億年前から使いまわされてきた“リサイクル品の寄せ集め”みたいなものなんですから……。

僕らはシンプルに遊びに来ただけ

「じゃあ、人間が生きる意味っていったいなんですか？」

こんな質問も、数多くいただきます。

物理的に考えると、その答えはシンプルに「地球上でいろんな体験をするため」です。

そこにはいいも悪いもないし、意味もない。“使命”みたいなものもありません。もしあるとすれば、あなたの使命は「人生を楽しむこと」でしょう。

確実にいえるのは、僕たちは**「体験することを、ただ楽しみに地球上にやってきた」**ということ。いろんな行動をしたり、喜怒哀楽さまざまな感情を味わったりしに来ただけなのです。

そこには“失敗”や“困難”なども含みます。「失敗したときってどんな感情が湧いてくるのか」「そこからどうすればリカバリーできるのか」、それらも体験したいからです。

当然、無意識下では「自分の願いを叶える体験」も、望んでいます。何を願い、望んでいるかは、人それぞれ。ですが「どうすれば、願いを叶えられるのか」という試行錯誤を重ねることを、地球に楽しみにやってきているわけです。

そして、ここがめちゃめちゃ大事な点なのですが……。

「自分の願いを叶える」とは**「自分を幸せにする」**と言い換えられます。

あなたはゲームを思いっきり楽しめてる？

究極のところ、人生とは**「あなた自身と、あなたが見る世界に出演してくれている人（身近な人や出会った人）を、どれだけ幸せにできるか」というゲーム**なのです。

そう思うと、自分の人生にはめちゃくちゃ大きな意義があると思えてきませんか。

そして、どうせゲームで遊ぶのなら、思いっきり楽しんだほうがお得ですよね。

人は誰もが**「“その人専用につくられた安心安全な箱庭”の中で、100年前後、思うがままに行動をして自由に遊べる」**、そんな機会をもらった素敵な存在です。だからこそ僕は、人生というゲームを思い通りにプレーして、幸せを感じる人が増えるよう願っています。「リサイクル品としての人生だから、つまらない」わけじゃないんです！

宇宙は、今まで138億年ものあいだ、進化をし続けてきました。そしてこれからも進化し続けると予測されています。

それは素粒子のリサイクルという持続可能なエコシステムのおかげ。そういえるのではないでしょうか。

また宇宙と一心同体の僕らも、遊びながら、常に宇宙とともに**進化し続けている**ことになりますね。

「進化し続けるってことは、変化し続けるってこと？」

こんな質問もよくいただきます。答えはイエス！

「変化するのって疲れるし、怖い」

そんな声も聞こえてきそうです。ここで重要なことをお伝えしておきましょう。じつは**「変化しないほう」が安定しない**んです。

物理学や天文学の分野の一つのトピックに**「定常宇宙論の破棄」**というのがあります。以前は「宇宙は最初からずっと一定で永遠に変化しない」というのが定説でした。ですが研究がどんどん進むにつれて、それは完全に間違っているとわかったのです。

宇宙にだって生まれたときがあって、いつかは死ぬ。つまり存在している期間は常に常に変化をし続けていることになります。

ですから「宇宙はずっと一定だ」という定常宇宙論は破棄されたのです。

反対にいうと**「止まってたら安定しない」**。つまり宇宙の本質、大前提は**「変化しながら安定を保っている」**ということなのです。

常に変化しながら、言い換えると進化、成長することが、そのまま安定の要因になっているのです。

ということは、そこにある星も生物もつまり僕たち人間だって変化することが安定につながるし変化することが安定の本質になる……というわけです。

変化は確かに怖いもの。でも本当の安定は、そこにあります。

だからビビらず、怖がらず、思いっきり変化しましょう。その変化をむしろ楽しんじゃいましょう。

そのほうが宇宙の摂理に合っているんですから。

11
quantum mechanics

みな循環の中で生きている

流れは止めずに、うまく乗っかれ！

僕らの心身が素粒子からつくられているように、この世の素粒子はすべて循環しています。水も、空気も、星も、お金もです。それは当たり前のことですし、あるべき姿なんです。

たとえば水は雲になったり、雨になったり、地下水になったりして地球上をぐるぐると循環しています。空気だって同じでしょう。部屋の換気をするだけで、うんと気持ちよくなりますよね。

宇宙に浮かぶ星もそう。気の遠くなるような長い時間の中で、生まれて崩壊して塵やガスになり、それがまた固まって星や銀河になるという営みを繰り返しています。

お金についても同様です。市場に流通し、いろんな人の手に渡り、行く先々でさまざまなものをもたらし変化させながら、社会の中をどんどん循環しています。

流れを止めては誰も幸せにならない

このように循環の速度に差はあれど、巨視的に見れば**「どんなものも常に流れて循環し、ひとつのところにとどまっていない」**と形容できます。そのほうが健全ですし、そもそもそうでないとすべてが成り立たなくなります。

ですから量子力学的にいうと**「所有」**や**「保存」**などの概念は理に適っていないのです。そうではなく、流れる水のように**「循環すること」「変化し続けること」**が理想です。

この法則に沿っていけば（物理法則に従うわけですから）人生は当然うまくいきます。ここでは「どうすればうまく循環させられるのか」。覚えておくだけで役立つ原則をご紹介します。もちろんまったく難しくありません！

「捨てる」から、新しいものが入ってくる

1つ目の原則は**「不要なものをさっさと捨てること」**です。僕はよく「①必要なもの」「②不要なもの」「③いつも使っているもの」「④もうずっと使っていないもの」という4分野にモノを振り分け、②④はこまめに捨てるようにしています。

それは決して"悪"ではありません。なぜならモノを潔く捨てることが、循環を促すことに直結するからです。

「明らかに使わないモノ」（役目を終えているモノ）が素粒子へと還るスピードを速め、全体がうまく循環するのを後押しできるからです。

もし「明らかに使わないモノ」を手元に留め続けていれば、それらはいつまでたっても、"活躍"できません。それではあまりに申し訳ないでしょう。**「新しい何か」に早くなってもらうためにも、早く捨ててあげるべきなんです。**こう考えると、おっくうになりがちな部屋の片づけや整理整頓もはかどりますよね。

それに「捨てること」＝「手放すこと」でスキマができるでしょう？　あなた自身に物理的、精神的なスキマ、つまり"余裕"が生じることで、大きなメリットが得られます。それは**「新しいものが入ってくること」**。物理的にも精神的にも、スキマがないところに「新しいもの」はなかなか入ってきにくいんです。それはあまりにもったいない話でしょう。

わかりやすく、部屋の話にたとえてみましょう。「何年間も使わないうえに愛着も思い入れもないモノ」で部屋中を満たして「なんだかモノが多いなぁ」とどんよりとした気持ちで過ごしているよりも、お気に入りの素敵なモノだけに囲まれ、少ないアイテム数で、すっきりシンプルに暮らしているときのほうが、「新しいもの」は入ってきやすいのではないでしょうか。

たとえば新しいファッションに挑戦してみたくなったり、新しい趣味や習い事を始めたくなったり。するとおでかけの予定が増えてアクティブになったり、かかわる人の数が増えて毎日がより楽しくなるはずです。

だから、まずは**物理的に手放せるモノは手放してしまいましょう。「循環しておいで」と手放しましょう。**

水だってひとところにたまっていると、やがて淀んでいきます。水は流れ続けるから濁らないのです。

また**モノを物理的に手放すことで、精神的な執着を自動的に手放せる**ことがあります。わかりやすい例が「元カレの思い出の品」でしょう（笑）。楽しかった思い出はもちろん大事かもしれませんが、その量があまりに多かったり、目のつくところに置いていたりすると、次の新たな出会いはなかなかやってこないかもしれません。

だからおすすめしたいのは、どんどん手放すこと。「**私は水が満タンのペットボトルだ**」とイメージし、「いったん空っぽにしてみよう」という意気込みで手放してみてください。すると、現実は面白いように変わっていきます。自宅で見ている景色がまず変わりますし、外に出たときに見える風景も激変します。活動範囲が変わったり、広がったりします。そのきっかけが「不要なものをさっさと捨てること」なんです。

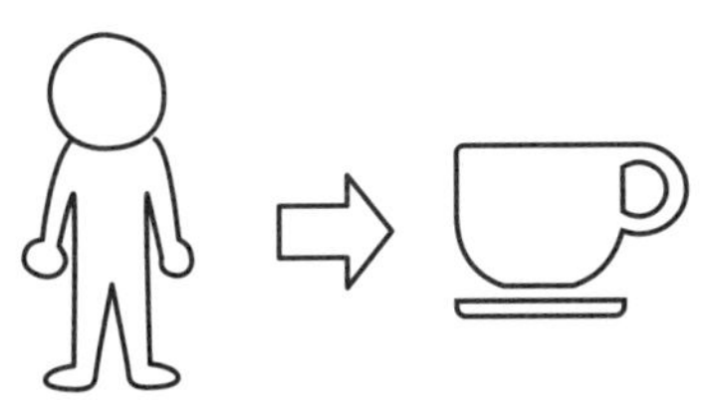

あなたは「いっぱいのコップ」と同じ。
コップに水がいっぱい入っていると、新しい飲み物は入らない。
新しいものを入れたければ、定期的に物を見直し手放そう。
物理的な断捨離で、精神的にも余裕が生まれる。

こわがらず、面白がって受け取ってみて

循環させるために大事な2つ目の原則は**「受け取り上手になること」**です。

1つ目の「不要なものをさっさと捨てること」ができるようになってくると、余裕が生まれるわけですから、まったく新しいものが向こうから飛び込んでくることがあります。

そんなときに、臆さず受け取ってほしいのです。

それは目に見えるものだけに限りません。たとえば**思いもかけない賞賛の言葉、予期せぬ優しさや好意、ありがたいご縁、ずっと探していた幸せ**……。

受け取ることに慣れていない場合、驚いたり、腰が引けたり、照れたりしてしまうかもしれません。でも、そこであなたが受け取らないと、循環が止まってしまいます。だから喜んだり、面白がったりしながら受け取るべきなのです。遠慮も罪悪感もいりません。

得たものはガンガン活用しまくれ！

そして循環させるために大事な3つ目は**「受け取ったものをフル活用すること」**です。

目に見える例でいうと、お土産のお菓子をもらったら、おいしくいただく。あるいはまわりにおすそ分けして、感謝していただくのが理想的でしょう。

目に見えない例でいうと「誰かから教わったことは、使いたおす」というようなことです。

知識も使ってこそ意味を持ちます。だからあなたの脳内だけに大事に留めておくのではなく、実践したり、誰かに伝えたりできれば最高です。結果、新たな情報が舞い込んできたり、ご縁がさらに広がったり、新たな能力を獲得できたりと、循環が加速していくことになります。

独り占めせず、出し惜しみせず、目に見えないものをぐるぐると循環させていきましょう。

言い換えると人生において「ずっとそのまま（＝現状維持が続くこと）」なんてありえません。ムリにそうしようとしても苦しくなるし、どっちみち破綻するでしょう。だからもう「この世は循環するものなんだ」「変わり続けるものなんだ」と理解して、その循環にうまく乗っかるほうが楽チンです。この世も、いやいや“あの世”も含めて、**すべてはこの大きな循環システムの中にある**のです。

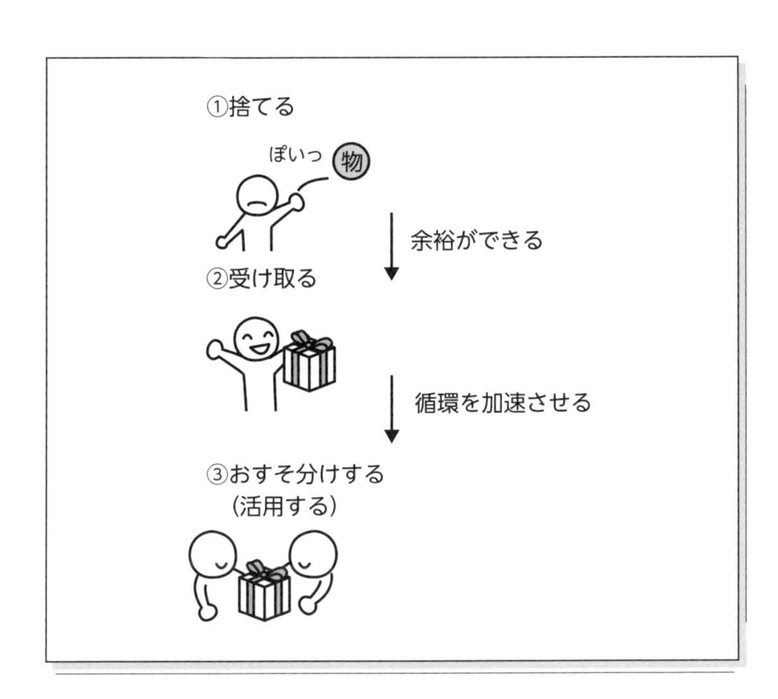
①捨てる
ぽいっ
物
余裕ができる
②受け取る
循環を加速させる
③おすそ分けする
（活用する）

12
quantum mechanics

名前だけで悪者扱いしないで！

ダークマター、ダークエネルギーとは

僕らは大きな“循環”の中で生きているという事実をお話ししてきました。

「私たちが属している“循環”ってどんなもの？」

そんな疑問が湧いたかもしれません。

循環とは宇宙全体のこと、と捉えてもらって大丈夫です。ただし「宇宙ってどんなもの？」とさらにツッコまれると、現代科学ではまだ明確に答えられません。驚かれるかもしれませんが、私たちが認識できている宇宙（＝物質宇宙）って、宇宙全体のたった「4%」しか占めていないんです。

それは「すごく少ない」という比喩ではありませんよ。きっちりとした数値です。

4%しかわかっていないってホント？

この「4%」の物質宇宙については、僕らは実際に見たり触ったりすることができます。そして残りの「96%」とは**見えない宇宙**（＝反物質宇宙）ということになります。その内訳まで、すでに明らかになっています。

（96%のうち）「22%」は**「正体不明の物質」（暗黒物質／ダークマター）**。残りの「74%」は**「正体不明のエネルギー」（暗黒エネルギー／ダークエネルギー）**と呼ばれています。

どうでしょう、あまりに把握できていなくて驚きました？
でも「全体の4%もわかっているなんて、すごい！」という見方もできるんですよ。「人類はよくぞここまで頑張って謎を解明してこられた」と捉えてください。

暗黒物質・ダークマターの正体とは

「“ダーク”というからには、やっぱり悪者なの？」
そんな声も聞こえてきそうですね。答えはノー。
「僕らがその性質を知らない」というニュアンスを込めての「ダーク（暗黒）」だと理解してください。たぶん悪いやつじゃないです（笑）。

ダークマターは“説明不可能”な宇宙の不思議な現象に関わっているとされますし、ダークエネルギーは宇宙を膨張させている力になっています。ですから現代の科学者たちは、ダークなこれらを必死になって研究しています。
マニアックな情報をお伝えしておくと、ダークマターの有力候補として、未発見の素粒子「ニュートラリーノ」が挙げられています。もしこのニュートラリーノが実在する場合「1立方メートル内に2〜3個ずつ存在して、秒速230mで飛んでいる」という仮説があります。
ですから科学者たちは、この素粒子をキャッチできる検出器や加速器（素粒子を人工的につくる装置）の開発や研究を続けています。もしそれが見つかれば、ダークマターの謎が一気に解明されるかもしれません。

つまり意外に聞こえるかもしれませんが、この宇宙の全貌を知ろうとしたとき、目に見える世界だけをいくら追究しても、まったくダメなんです。

見えないからって、軽く扱いすぎてない？

名作『星の王子さま』（サン=テグジュペリ著／河野万里子訳／新潮文庫）でも説かれているように**「かんじんなことは目に見えないんだよ」**というわけです。このフレーズは、星の王子さまが、友だちになった狐と別れる際に教えられた言葉です。

思いやりや愛、優しさなどについて述べたものと一般に解釈されているのですが、物理的な視点で見ても同じことがいえるんですよね。

実際、目に見えないモノは、身のまわりに意外と数多く存在します。いろんな**音**、テレビが受信している**電波**、テレビのリモコンから出ている**赤外線**、電子レンジから出ている**マイクロ波**、レントゲン検査で知られる**X線**。美容の大敵・**紫外線**だってそうですよね。これらはその性質がほぼ解明されていますが、それ以外にも**目に見えないものが宇宙にはまだまだある**んです。

「でもなぜ、そんなものが存在しているって気づけたの？」

これもよくいただく質問なんですが、なかなか鋭い視点です。簡潔にご説明しておきましょう。

銀河が人類に“匂わせ”てくれたこと

1930年代に銀河団（銀河の集まり）を観測した際、「目には見えない何か」が重力によって銀河をつなぎとめていることがわかりました。また1970年代、銀河を観測した際、やはり「目には見えない何か」が重力によって銀河をつなぎとめていることがわかりました。要は科学技術の飛躍的な進歩によって、見えないものの存在に気づけた、というわけ。それがダークマターでした。

即物的な人ほど、大事にしてほしいこと

さて、あなたにとっては“見えるもの”と“見えないもの”、どちらがより大事でしょうか？

物質的な世界では肉体を維持していかねばなりませんから、見えるものは、もちろん大切です。誰だって物質的な欲求は満たしたいもの。たとえば「暖かい洋服がほしい」「広い家に住みたい」「もっとおいしいものが食べたい」。衣食住の欲求がひと通り満たされたら、「憧れの高級ブランドのバッグが欲しい」と願うことだってあるでしょう。

そんなふうに、見える世界を思った通りにデザインしたいとき。逆説的ですが、**見えないことに意識を向けたり、大事にすることが重要**になってきます。

わからなくてもいい、利用したもん勝ち！

わかりやすくいうと、見えないものの力をうまく借りることです。だって「宇宙の大部分、96%を占める反物質宇宙が、わずか4%の物質宇宙に多大な影響を与えている」と考えるほうが順当ですよね。

そして**「反物質宇宙が物質宇宙に影響を与える仕組み」**を知ることです。そのことによって、今いる場所の現実を変えやすくなるでしょう。なんてったって、目に見えない反物質は全体の96%も占めているんですから。

量子力学が教えてくれているのは、まさにこの点。

“この世”を思った通りにデザインするには“あの世”の力を借り

ちゃおうというのが、量子力学という学問の裏テーマです。
おっと、“あの世”とは、ここでは目に見えない世界を指します(「死後の世界」というような限定的な意味じゃありません)。

さて、まとめておきましょう。昔から変わらない、普遍的な原理原則をお伝えします。
“あの世”が良い状態になると“この世”も素敵なことになります。だから**見えないあの世も、見えるこの世も、どっちも大事**なんです。

「目に見えるものしか信じない」「確実に触れるもの以外は関係ない」なんて思っている人は、スーパーナンセンス！
そもそも巨視的なレベルで眺めると、ほとんどのものは見えないし、触ることすらできないもの。なのにそちらのほうが本質だったりするわけですから。

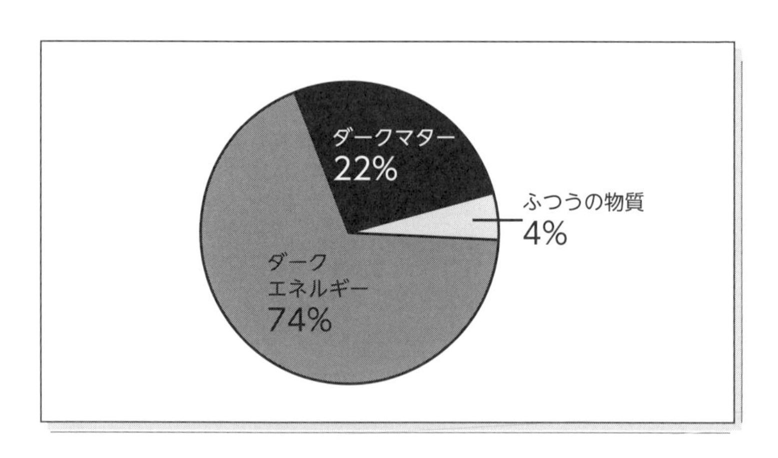

宇宙の成分

・ふつうの物質　4%
・正体不明の物質（ダークマター）　22%
・正体不明のエネルギー（ダークエネルギー）　74%

銀河に存在するのが恒星や惑星だけの場合、銀河の回転による遠心力が恒星の重力を振り切り、星が銀河の端から飛び出してしまう。

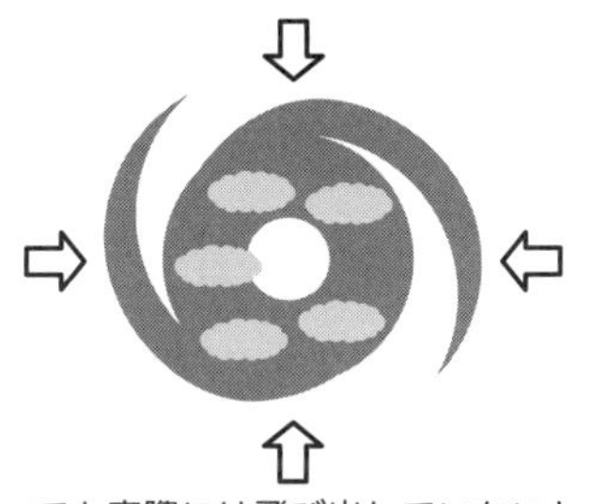

でも実際には飛び出していないということは…。何か重いものが重力で引きとめてくれているはず。

13

quantum mechanics

「粒子でもあり波でもある」

量子力学のキモ！　粒子と波動の二重性

量子力学に頭が慣れてきた……、そんな絶好のタイミングで最も衝撃的な事実をお伝えさせてください。量子力学を象徴する、素粒子の性質についてお話しします。それは「粒子でもあり波でもある」という二重性です。

“粒子”とは、素粒子、原子、分子など微細な粒の総称です。“物質”であることに注目してください。一方“波”とは手でつかめない波動を指します。もちろん“物質”ではありません。つまり、**「粒子（物質）でもあり波でもある」**という考え方は**「物質でもあり、非物質（エネルギー）でもある」**と解釈できます。

それって……。僕らの現実世界の感覚でいうと矛盾しまくりというか、もう絶対にありえないわけです。

ニュートンの頃から続く粒子vs波動論争

わかりやすいように「光」を例にお話ししてみますね。

昔から「光って、いったい何？」という議論は続いてきました。

17世紀後半、ニュートンは**「光とは粒子（物体）である」**（粒子説）と考えました。同じ頃、オランダの物理学者・天文学者のクリスチャン・ホイヘンスは**「光とは波動である」**（波動説）と提唱しました。

さらに19世紀中頃になると、イギリスの物理学者のジェームズ・マクスウェルが**「光とは電磁波（波動）の一種である」**と主張し、それを見事に証明しました。

ここまでくると「光の正体は“波動”ってことで！」と一件落着したかのように思えますよね。ですが時代が進むにつれ「光＝粒子」と考えなければ説明がつかない現象も出てくるようになります。そこで登場するのが、われらがアインシュタインです。

当時の科学の常識をくつがえしたアインシュタイン

20世紀初めの頃。アインシュタインは、ニュートンも唱えていた「光とは粒子である」という粒子説を復活させて、さらに波動説とドッキング。「**光は波でもあるけれども、粒子でもある。**それを光の粒子**“光子”**〔フォトン〕と呼びましょう」と提唱します。これが、前にもざっと触れた「光量子仮説」です（17ページ）。

この「光量子仮説」はのちに実験によって正しいと証明されます。そして現在では「光とは粒子でもあり波（＝電磁波）でもある」というのが、現代物理学の常識となっています。

こ、ここまで、ついてこられました?!

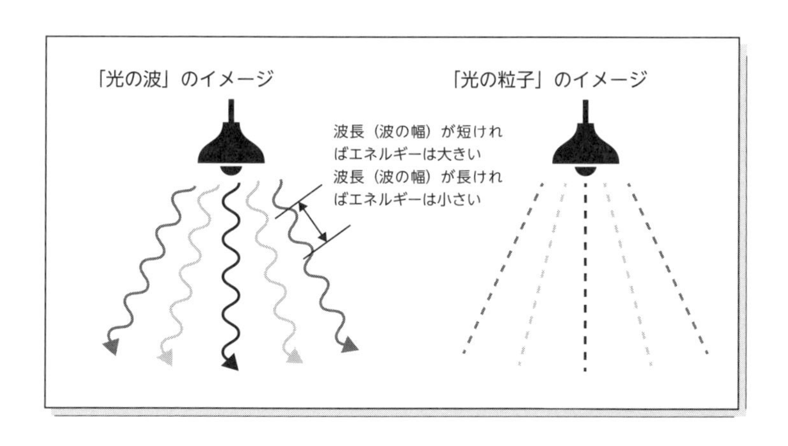

14

quantum mechanics

正統派・コペンハーゲン解釈

アインシュタインvsボーアの大論争

アインシュタインが「光は波でもあるけれども、粒子でもある」と唱え、それが証明されたことはお話ししました。また素粒子全般についても、この「粒子と波動の二重性」は当てはまります。

「じゃあ……いつが波で、いつが粒子？」

そう聞きたくなりませんか（笑）。結論から申し上げますね。

量子力学の標準的、正統的な理論では、**誰も見ていないときは波であり、人が見たとたんに粒子（物質）となって姿を現す。**つまり、人の「見る」「見ない」という行為が状態を変えることになっています。…なんとも不思議な話ですが、理解できますか⁉

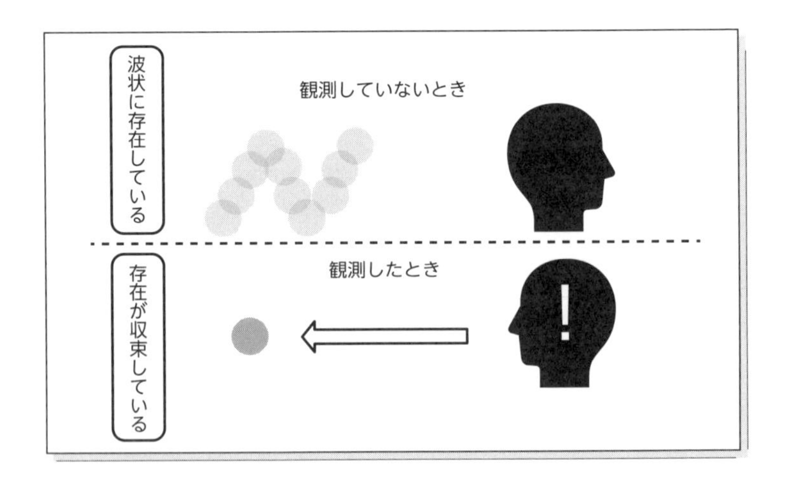

「意味がわからん！」と混乱してもおかしくありません。だってアインシュタインやシュレーディンガーのような天才物理学者ですら、この理論に納得できなかったのですから。

おっと、この理論の名前をお伝えしておきましょう。業界内では超有名な理論で**「コペンハーゲン解釈」**といいます。デンマークの物理学者、**ニールス・ボーア**が提唱した考え方です。ボーア自身がデンマークの首都、コペンハーゲンに研究所を設立し、そこを中心に活動していたことがこの名の由来です。

“確率の波”で表すという奇妙な解釈

消しゴムを例にして解説してみます。大きな段ボール箱に消しゴムをひとつ入れます。そしてふたを閉め、大きく揺すって、どこに置いたかわからなくします。もちろん消しゴムは段ボール箱のどこかに、絶対存在しているはず。でも**「ミクロの世界ではそうとは限らない」**というのがコペンハーゲン解釈の考え方です。

まず「消しゴムは、ふたをした段ボール箱のどこか1ヶ所にあるわけではない」と捉えます。そしていろんな場所に存在する**確率**があるとして、それを数式に表します。たとえば「右のすみっこにある可能性…30%」「左のすみっこにある可能性…25%」「まんなかにある可能性…20%」
などという具合です。

さらにややこしい話をしますね。

段ボール箱のふたを開けて、消しゴムを取り出すことにしましょう。ふたを開けて人が観測をしたその瞬間。それま

で広がっていた“確率の波”が、発見される一点にギューッと縮まって、消しゴム（物質／粒子）として見えるようになる（収束）。これがコペンハーゲン解釈です。“確率の波”が縮まることは「波束の収縮」と呼ばれています。

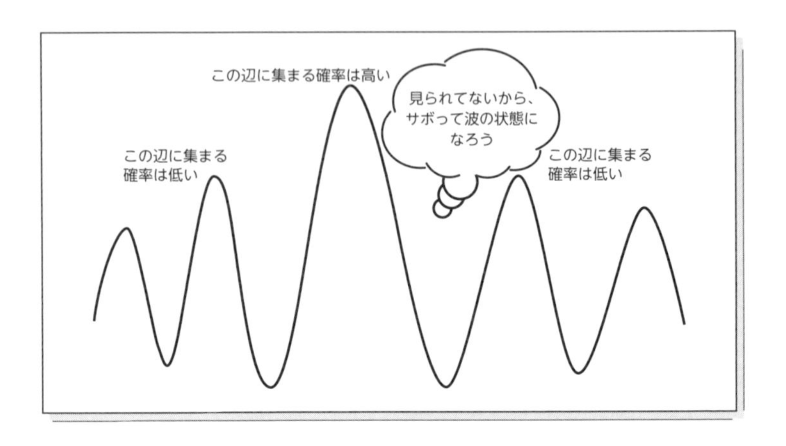

「見ていなくても月はそこにあるはず」

これらは量子力学に慣れていない人にとっては“トンデモ理論”に聞こえるでしょう。でもこの考え方は当時非常に広まり、今も標準的な説とされています。

アインシュタインはこのコペンハーゲン解釈の考え方が受け入れられず「月は君が見ているときにしか存在しないと信じているのかね？（私が見ていなくても、月はそこにあるはずだ）」とボーアの助手の物理学者、アブラハム・パイスに投げかけました。かみくだいていうと次のような意味になります。

「量子力学のミクロな考え方を当てはめれば、月のようなマクロな物体も観察する前にはそこに存在するとはいえなくなってしまうだろう？　でもそんなこと、ありえないよね！」

ですが当時のボーアは絶大な影響力を持っていました。またアインシュタインが仕掛けてくる論争にことごとく反論。2人の論争は長く続きます。これを**「量子力学の観測問題」**と呼びます。

どっちでもいいから「黙って計算しろ!」

しかし実際はどんな解釈をしようと、実用的な場面になるとぶっちゃけ"無関係"。特に半導体開発などの計算(シミュレーション)のツールとして量子力学は非常に役立つのですが、どんな解釈をしようが答えは同じ場合が多いのです。だから「黙って計算しろ!」というデビッド・マーミンの言葉が有名です(1989年頃の話です)。

日本の量子力学の権威、宇宙物理学者の佐藤勝彦先生(東京大学名誉教授)も**「どの解釈が正しかろうと何の影響もない」**とおっしゃっています。

解釈はしょせん解釈であって、観察や実験の結果に影響は与えない。だから「どっちでもいい」わけです。

アインシュタインの死後、彼の解釈は間違っていたことが明らかになりました。とはいえボーアの解釈が正しいというわけではなく、今なお論争中です。そして最近はアメリカのヒュー・エヴェレットが提唱した**「多世界解釈」**という理論(74ページ)が注目されています。

15

quantum mechanics

世界は、あなたの望み通り

コペンハーゲン解釈的“夢を叶える方法”

この世の本当の仕組みはどうなっているのか。復習もかねて「コペンハーゲン解釈」をまこちん流に超訳してみますね。

すべてのモノ、人、空気や星、銀河なども含めてそのもとになっているものを素粒子と呼びます。この素粒子はとってもあいまいです。「粒子でもあり波でもある」という二重性を持っています。物質でもあり、エネルギーでもあります。それが事実なのです。

このあいまいな素粒子が“あいまい”じゃなくなるとき。つまり波じゃなくて粒子になるとき。エネルギーじゃなくて物質になるとき。それを**「波束の収縮」**と言います（68ページ）。では、どんなときに波束の収縮が起こるのかというと、人が見たとき、観測したときでしたよね。それは「人の意識が当たったとき」とも形容できます。

波でありエネルギーでもある状態の素粒子は、（誰も見ていないときは）どこにあるのかはっきりしません。でも人の意識が当たると、時間と位置が瞬時に確定します。つまりモワモワした波（エネルギー）が、シュッと粒子（物質）に変貌するのです。

素粒子にも“心”がある?!

なぜこのような「波束の収縮」が起こるのか。理由はわかりませんが事実はそうなっているし、物理的に証明もされています。
ひとついえるのは**「素粒子はまるで“心”を持っているかのように振る舞う」**ということです。
だって素粒子は人の意識を感じとって、自分のふるまいを変えているわけですから。

素粒子の心が、どのように人の意識を感じとるのか考えてみましょう。そもそも僕らの意識は素粒子からできていますね。また人の意識は光になって飛散することが明らかになっています。これを**バイオフォトン**と呼んだりします。目には見えない光です。

この人の意識が素粒子に当たったとき。素粒子はまるで心を持っているかのように、それを感じとって(汲み取って)、波でエネルギーだった状態から粒で物質の状態に収縮(収束)するのです。つまり時間と位置を確定させます。
そんなメカニズムで素粒子はふるまいを変えて物質化して、現実を創っていきます。この一連の流れは、科学的にしっかり証明されています。

すべてはあなたの意識にかかっている

実際、あなたの心(意思/意識/潜在意識)はこれまで確実に現実を創ってきたわけですし、これからも確実に現実を創っていきます。この仕組みを知った以上、あなたはもう好きなように現実を創れるはずです。
だってこれらの事実を知ると、「自分の世界」には「“自分の意思”と関係なく存在しているものなんて皆無なんだな」とわかりますよね。
「あなたの世界(宇宙)」は、すべてがあなたの意識でできているとわかりますよね。

大げさに聞こえるかもしれませんが、あなたは「あなたの世界」の神。「あなたの世界」は、あなたの思い通りなのです。これが物理学や脳科学が出している答えです。

そして波束の収縮を広げて解釈していくと、**“客観的事実”なんて存在しない**と気づくはずです。だって「誰から見てもまったく同じ、たったひとつの事実」なんてありませんから。

たとえ同じ時、同じ場所で、同じものを見ていたとしても。それを見ている人それぞれで、じつは違うように見えているはずだからです。

誰でも思い通りの人生を送れるワケ

これらの事実を処世訓に活かすなら。まずは**「見たいときに見たいものを見ましょう」**ということです。

僕もあなたも、見たいときに見たいものを選択して、それをちゃんと見られる仕組みになっていますから大丈夫です。そして**「あなたの世界を思い通りに、楽しみながら創っていきましょう」**ということです。

もちろん、毎回100%、思った通りになるわけではないでしょう。細かいところまですべて望み通りになるわけではないかもしれません。

でも大きなスパンで見たら、結局誰でも最終的に、見たいものを見て、思い通りに現実を創っているはずです。それを意識的に行っているか、そうでないかの違いだけです。

これからはもっともっと意図的に、見たいときに見たいものを、思うがままに見ていきましょう。これは物理の話なので、誰にでも再現性があるメソッドです。

「いやいや、そんなこと言ったって、生きてりゃそういうわけにはいかんでしょ。嫌なことだって目に入ってくるし見えちゃうよ」
そう思いました？

たしかにそうとも考えられます。でもじつはそれも本当は**「見たくて見てたり」する**んです。
たとえばそれを見ていたほうが楽だったり、心を平穏に保てたり、あるいは何かのメリットを感じてたり。本当は望んでない状態なのにそんな理由が実は裏にあって、だから自分からその状況にいて、その結果、見ることになっている……という場合が多いんです。僕の実体験をお話ししてみましょう。

僕はあるとき、テレビを観ることを一切やめました。すると、どうでもいい情報やネガティブな世の中の情報などが、途端に一切入って来なくなりました。
そのとき、やっと気づくことができたんです。「世界のいらんネガティブな情報を見て、僕は安心してたんだな」って。
「それに比べたら自分はまだマシだ」とか**「そんな状況とは無縁だからそれだけでいいじゃないか」**とか、そんな風に自分をだまくらかしてたんだって。
そして、見たくないものを見なくなったら、そんな感情も気持ちもどんどんなくなっていきました。

物理的にいっても、この世はあなたがフォーカスしたものだけが実在になります。あなたが観測しなきゃ「無い」のと一緒だし物理的にも実際に存在しません。
あなたが本当に見たいものって何？
見たい状況、見たい自分ってどんなもの？
それだけを選んで、決めて、そして見ればいいんです。

16
quantum
mechanics

『君の名は。』でもおなじみ

多世界解釈≒パラレルワールド

前にお伝えした「コペンハーゲン解釈」（67ページ）は、**観測されるまで複数の可能性を持って同時に存在している**という考え方でした。ですが、観測されるまでは広がっていた"確率の波"が、観測された瞬間に、なぜ一点に収縮してしまうのか。その理由がわからなくて、論争が起こります。

理論上は正しい結果が出ていても、その過程が説明できなかったりツッコみどころがあると、議論が生まれてしまうのです。

そこで面白い人が出てきました。

「確率の波は、収縮せずに広がり続けるんじゃない？」

1957年にこんな斬新な説を唱えたのが、アメリカの**ヒュー・エヴェレット**です。当時、彼はなんと名門プリンストン大学の大学院生でした。その説は現在**「多世界解釈」**と呼ばれ、多くの支持を得ています。

自分のいる世界が、複数同時に存在してる？

「多世界解釈？　SFでいう**パラレルワールド**みたいなもの？」

よく聞かれるのですが、その通り!!

多世界解釈もパラレルワールド（並行宇宙）も、ほぼ同じ。小説や映画で、設定としてよく利用されます。

「今とは違う世界」が「今、自分のいる世界」と同時に存在するという考え方です。ネット上でも「世界線」という言葉をよく見かけるようになりましたが、まさにあの概念です。

たとえば2016年に公開された新海誠監督の映画**『君の名は。』**は、多世界解釈が活用されている作品の代表例でしょう。この作品は「時間軸も空間軸も異なる世界」と「現在の世界」を行き来するという物語です。

実際、「エヴェレットの多世界解釈」なんていう言葉が作品中にポロリと出てきていましたよ。そういわれると、親近感が急に湧いてきませんか。

そもそもエヴェレットは「量子力学がつかさどるミクロの世界と、量子力学が通用しないマクロの世界の境目って何？」と考える人でした。「そんな境目があること自体、奇妙で不自然だろう」、そんな問題意識を抱えていました。

そして「量子力学が通用する世界と、そうでない世界があるならば、その時点で“世界”ってもう分かれちゃってますよね？」と考えたわけです。その考え方を突き詰めた結果、多世界解釈という見方にたどりついたのです。

そしてコペンハーゲン解釈のように「観測によって状態が1つに収縮する」のではなく**「観測によって広がり続ける（=2つ以上の並行世界が現れる)」**と説きました。

観測対象のモノはもちろん、観測者も増える

「多世界解釈」が面白いのは、観測者本人もミクロの世界流のふるまいをする点です。つまり観測と同時に、観測者本人も複数に分岐します。とはいえ、複数の観測者はそれぞれ1つの世界しか知り得ません。だから「世界が増えた」とは感じない、というのが彼の主張です。

エヴェレットの説に破綻はありませんでした。コペンハーゲン解釈に対する「“確率の波”が、観測された瞬間、なぜ一点に収縮するのか」というようなツッコみどころも、ゼロ。

つまり不確定要素のない説だったのですが、当時はなぜだか受け入れられませんでした。完全に黙殺されたのです。

エヴェレットは失意のうちに国防総省の研究職に就きました。その後、起業して軍事関連の業務を政府から請け負ったりして暮らします。物理学にまつわる講演に招かれ、登壇したことはありましたが、アカデミックな世界には二度と戻りませんでした。「物理学の新しい研究所にこないか」と誘われても、応じなかったといいます。

そして51歳、自宅のベッドで心筋梗塞によって死去。半生を通して大酒飲みだったようです。

生前は不遇だったものの、死後に評価高まる

生前の黙殺とは裏腹に、彼の死後、多世界解釈は高く評価されるようになりました。たとえば量子コンピュータなど最先端の研究につながっています。

量子コンピュータが実用レベルになれば、多世界解釈が実証されることになるでしょう。また「それを狙って量子コンピュータが開発されたのだ」という説もあるほどです。

多世界解釈を設定に利用している作品と、次にもし出会ったら。エヴェレットのことを、ぜひ思い出してあげてください。

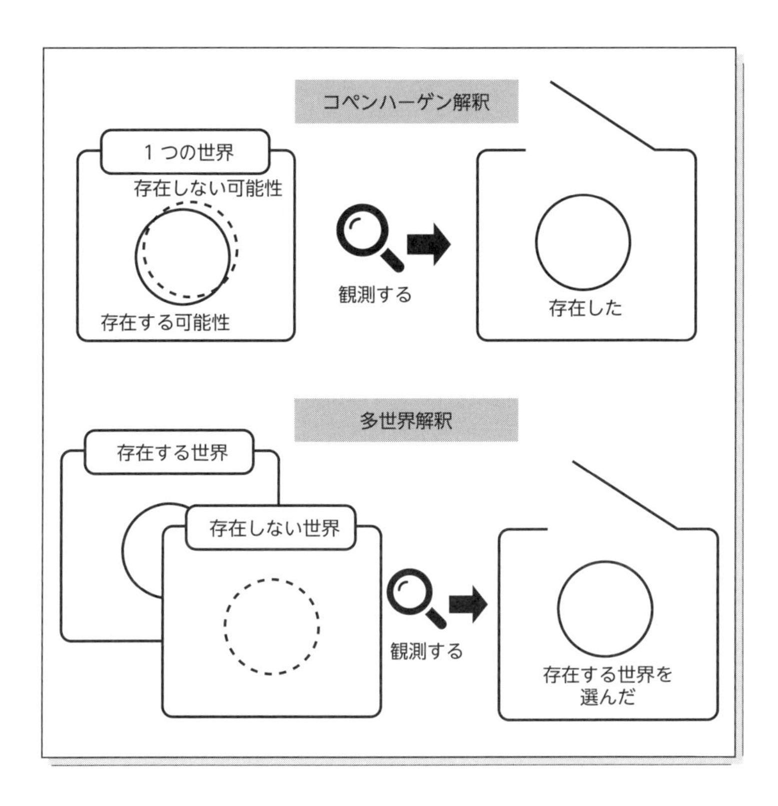
コペンハーゲン解釈
1つの世界
存在しない可能性
存在する可能性
観測する
存在した
多世界解釈
存在する世界
存在しない世界
観測する
存在する世界を
選んだ

17

quantum mechanics

“理想の自分”になる方法

行きたい世界線にさっさと移動しよう

前に見た多世界解釈（パラレルワールド）について、深掘りしておきましょう。最新の考え方からすると、この理論は一番うまく説明がつくと言われています。

たとえば今あなたがキャリアウーマンだったとしましょう。別のパラレルワールドには専業主婦のあなたが存在していたり、また別のパラレルワールドには作家として活躍しているあなたが存在していたり、またまた別のパラレルワールドには女優として脚光を浴びているあなたが存在していたりする……。平たくいうと、これが多世界解釈です。「今とは違う世界」が、まるでパソコンの中のデータのように、**ゼロポイントフィールド**（186ページ）というところに折り重なってすべて“保管”されているのだとか。あなたは、その中から1つだけを選んでその自分を生きているわけです。そして最近の理論では、途中からでもいつからでも、**別のパラレルワールドを選べる**ことになっています。

「あなたの理想の世界線」が絶対にある理由

パラレルワールドは果たしていくつあるのかというと、ひとりあたり**10の500乗**もあると言われています。つまり10のあとにゼロが499個ついた桁。なんという名称の桁なのかも不明ですよね。ほぼ無限といってよいでしょう。

それだけあると、人が想像可能な世界はほぼ存在しているでしょう。それどころか想像を絶するような想定外の世界さえ膨大に広がっているに違いありません。あなたが「こうなりたい」「ああなりたい」と想像できる範囲の世界なんて、じつは楽勝で存在していることでしょう。そして「存在している」のだから、その現実を見ること、移ることは可能なはず。だから諦めたり「ムリ」だなんて決めつけないで、どうしたらそこに行けるのかを考えませんか。これは物理の話ですから、やり方は必ずあります。

パラレルワールド間を移動できる根拠をお伝えしておきましょう。宇宙には4つの力があるとお伝えしました（38ページ）。「電磁気力」「強い力」「弱い力」「重力」とありますが、この中で**重力だけが極端に弱い**そうです。なんと**四十数桁**も小さいらしい。それは次の現象を思い浮かべてみるとよくわかります。

テーブルの上にクリップを置いて上から磁石を近づけたとき。クリップは重力をものともせず、いとも簡単に磁石にくっつきます。そんな具合でかなり弱いのだそうです。その理由として「重力だけはパラレルワールド間を自由に行き来しているのではないか」といわれています。あっちのパラレルワールド、こっちのパラレルワールドと自由に行き来しているから分散されて、力としては極端に弱いということらしいのです。

今はまだ一説にすぎませんが、これからどんどん謎が解明され、誰もが好きなパラレルワールドを手軽に選べる時代がやってくるといいですね。

番組を選ぶ気軽さで理想の世界を選べばいい

重要なのは**「たった1つの世界しか選べない」**という点。これはテレビを思い浮かべるとよくわかります。テレビには数多くのチャンネルがありますよね。BS・CSなどの衛星放送も含めると100は余裕で超えます。

でも見たい番組って、その瞬間は1つしか選べません。選んだチャンネル以外でも同時に別の番組が進んでいるけれど、見られません。この理屈と同じです。

住む世界、住む現実は1つしか選べません。ただ、その選択権はあなたにあります。

だから、好きな世界、望む現実を自由に選んでほしいのです。

そうすれば、そこにやがて移ることができますから。

“理想の世界線”に移る科学的な方法

では、どのように理想の世界（パラレルワールド）に移動するのかというと、テレビやラジオと同じで周波数を合わせればいいのです。いったいどうすれば周波数を合わせられるのかというと、発信されている電波と自分の受信機を同調させるだけ。

つまり**なりたい自分、望む自分（理想の自分）と同じ電波を出せばいい**のです。

理想のあなたが感じているであろう感情を、今すぐ感じればいいのです。

具体的にいうと「願いが叶った自分は、きっとこんな気持ちだろう」「夢を現実化させた自分は、こんな感情で過ごしているはず」とリアルに想像して、それを今、先取りして感じましょう。あとはワクワクしながら、やるべきことを頑張るだけ。

あなたが「理想の自分」と同じ電波を出し始めたら、それと同じ周波数の存在（釣り合う存在）が集まってきます。そのうちに**同じ周波数のパラレルワールドに接続できる**でしょう。

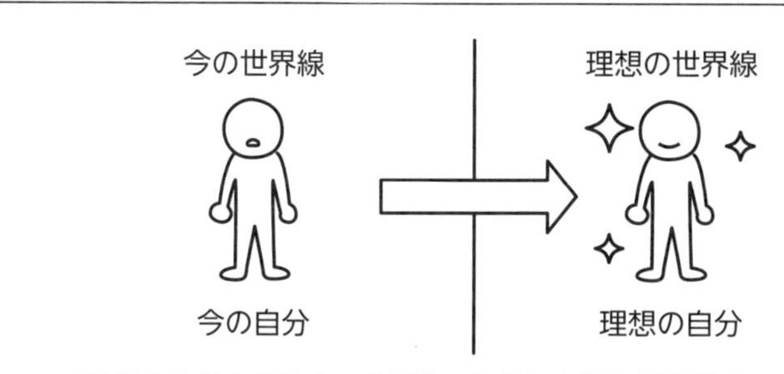

「それはちょっと難しい」という場合。何かに**「感動すること」**もおすすめです。たとえばドラマや映画を見て、一瞬ホロリとするだけでも有効です。それなら疲れていてもできそうですよね。人は感動すると、良い周波数の波動が出るもの。だから（今より高いレベルの）理想の望む世界により近づき、シンクロ（同調）しやすくなるのです。

もちろん感動する回数が多くなればなるほど、シンクロの回数も増えるわけですから、理想の世界に移れる可能性はどんどん高まっていきます。

ですから、望む"世界線"があるなら。「感動する」トレーニングを重ねてみてください。

周波数を合わせる営みにだんだん慣れてきた頃には、世界が変わり出していることに気づくでしょう。

とはいえ、ここは地球ですから、多少の**タイムラグ（時差）**はあるかもしれません。でも間違いなく選んだ周波数の世界に移ることができます。

あなたの望む世界って、じつはゼロから創らなくてもいいんです。多チャンネルの中から選ぶだけ。楽チンでしょ。

感動することは理想の世界への周波数が合いやすくなってくる！
感動して良い周波数を出すトレーニングをしよう。

じつは、あなたもすでに経験済みかも

通説では**「別々のパラレルワールド同士は干渉し合わない」**とされています。あからさまに接点を持つこともないそうです。隣のパラレルワールドをのぞけるようなこともないようです。まあ、そんなことが簡単にできるようになってしまうと、世界中が混乱しますものね。

とはいえパラレルワールド間は、考えられているよりも案外簡単に移動できるようです。
「同時に2つ以上のパラレルワールドを見ることも体験することもできない」。これが大原則。
したがって、どこか1つの世界にしかいられないけれど「移動」するのは可能なのです。

そういえば**価値観が一気に激変する瞬間**ってありませんか。

「棒で頭をぶん殴られた感じ」とか「一瞬で目が覚めた感じ」などの比喩を見かけることがあると思いますが、まさにそんな衝撃的な瞬間。
そんなときは、もしかするとパラレルワールドを移動しているのかもしれません。

また日々の暮らしの中で、ちょっとした不思議なことって結構ありませんか。
たとえば昔の自分の記憶が事実とまったく違っていたり、さっき置いたはずのモノの位置が変わっていたり、読んでいる途中の本のページが思っていた箇所と異なっていたり……。
こんな“プチ不思議現象”は、今の世界とは別のパラレルワールドに移った証拠かもしれませんよ。「私はこんな体験をした！」という人は、ぜひ教えてくださいね。

18

quantum mechanics

多世界解釈の証「マンデラ効果」

それは誤った記憶？　別世界の記憶？

前の項目で「昔の自分の記憶が事実と違っていたというような出来事ってありませんか」とおたずねしました。じつはこのような“プチ不思議現象”を**「マンデラ効果」**と呼びます。

ネルソン・マンデラさんをご存知でしょうか。アパルトヘイト撤廃に尽力した世界的指導者です。2013年に95歳でお亡くなりになりました。この訃報に世界中の人々が接した訳ですがそのときに「えっ？」と思った人々が相当数いたそうです。ご本人には大変失礼ながら「マンデラさんは1980年代に獄中で亡くなった」と思い込んでいた人がかなりいたとか。「これはひょっとすると、**他のパラレルワールドとちょっと接触しちゃった**かもね」と量子力学の界隈では言われています。そこでご本人のお名前をお借りして、一部では「マンデラ効果」と呼ばれています。

身近でよく起こる記憶違いも、もしかして……

でも、こういうことって、ありませんか？　僕は結構あります(笑)。たとえば昔行った旅行の写真を見返しているとき（今はほとんど撮りませんが)。前後に行ったところは鮮明に覚えているけど、一箇所だけ「あれ?!　ここどこ？」と記憶が飛んでいたり。

何人かで話しているとき。「まこちん、あのときこう言ってくれたよね」「あれ、教えてくれたじゃん」などと言われて「え?!　ひとことも言ってないけど」と首をかしげたり。

事実、パラレルワールドはいくつもいくつも無数に存在しています。だから“ミス”みたいなことも当然起こるわけです。

人気の説だからバリエーションも生まれる？

多世界解釈については**「パラレルワールド間は、互いに完全に絶縁状態にある」**という説が主流でした。ただ最近は人気が高まって盛り上がっており“変化球”のような説も出てきています。

たとえば「誰もがものすごいスピードで次々と並行世界を移動している」とか「まとめていくつかの並行世界を通過することがある」とか。つまりこれまでの定説に反して、パラレルワールド同士の**“相互干渉”が起こり得る**という考え方もあるのです。

どの説が正しいのかは、まだわかりません。でも量子力学の世界が奥深くて、面白いのはたしかですよね。

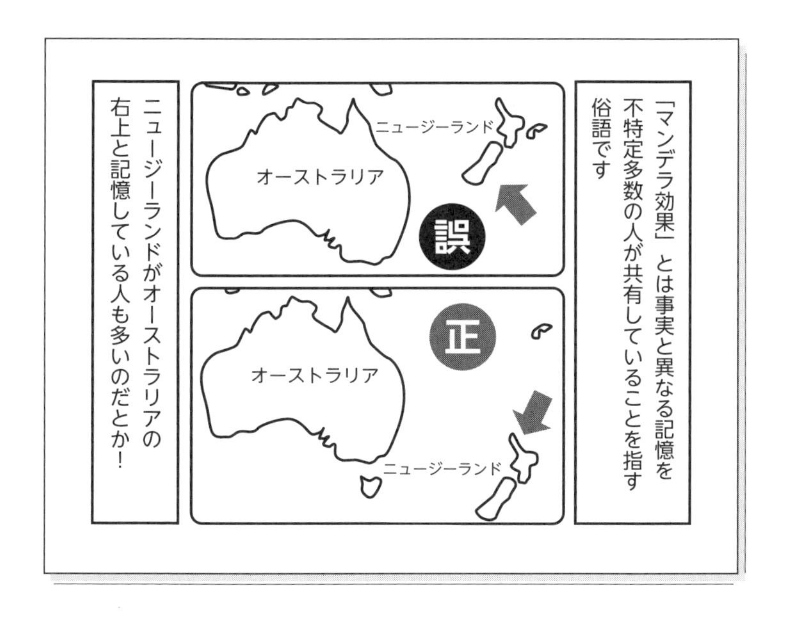

19
quantum mechanics

「多世界解釈」を使いたおそう

自分の宇宙の管理だけ、ちゃんとする

多世界解釈についてお話ししてきました。解明されているレベルの仕組みを知るだけでも、ワクワクしますよね。しかし知識は使ってこそ意味を持ちます。だから脳内に大事に留めておくだけではなく、即実践してほしいのです。本書の最大の目的は、あなたにより幸せになってもらうことですから。ここでは、人生をさらに好転させていく科学的なコツをお話しします。

この地球上に暮らす人間たちには、ひとりにひとつの世界（宇宙）が与えられています。あなたにも僕にもです。そこで大事になってくるのは、**“自分の宇宙だけ”をちゃんと管理すること。**

とはいえ“管理”といっても簡単です。「オーナーの自分は苦しくないかな？楽しめてるかな？」「本当の自分を生きられてるかな？」「出演してくれてるまわりのみんなは苦しくないかな？楽しめてるかな？」。こんなレベルで充分です。

他人との心理的距離を間違えないで

もっというと、**他の人の存在は気にしすぎないこと**です。他人の宇宙はあなたの宇宙とは関係がありません。冷たく聞こえるかもしれませんが「他の人の宇宙をどうこうしたい」なんて思わないほうがいいんです。なぜなら、他の人の宇宙を管理する権利はあなたにはありませんから。それなのに、横から無理矢理のぞきこんだり、勝手にあれこれ想像しすぎたりするのはマナー違反。

もちろん「助けてあげたい」とか「誰かのお役に立ちたい」という利他的な気持ちは立派なもの。ですが“介入”の仕方を間違うとありがた迷惑になってしまいます。もし向こうから助けを求められたら、相談に乗るなり力を貸すなりすればいい。でもそうでない場合は「興味を持ちすぎない姿勢」がベストです。

意識を引きずられて、消耗しないで

さらにいうと、ネットニュースでたまたま見た“遠く離れた場所の見ず知らずの事件”などに心をかき乱されないでください。そこでエネルギーを消耗しないでください。99.9999999…%、あなたの宇宙とは無関係ですから。

「でもみんながみんな、自分の宇宙のことしか考えなかったら社会は回らないのでは？」

こんな質問をもらうことがありますが、大丈夫。世の中の誰もがそれぞれの宇宙を充実させることに成功すれば、それは**社会全体の幸福度アップ**につながりますから。愚痴は減り、トラブルや事故、犯罪だって少なくなるでしょう。

そして社会を構成するメンバー全員が「いい行いをした」「いい仕事ができた」と感じられている社会は、**優しくて素晴らしい世界**に決まっています。

あなたの未来はまっさらです。「確定している未来」なんて一切ありません。あるのは“確率”だけ。「絶対に変えられない未来」も存在しません。そんな窮屈な未来があるとしたらそれはあなたの“思い込み”でしょう。

自分を変えたかったら**「理想の世界線を迷わず選ぶ」**。それが人生を好転させるコツです。

20

quantum mechanics

「二重スリット実験」って何？

不気味！ 観測者の有無でふるまいが変わる

——素粒子は人に見られた途端に、波（エネルギー）から粒子（物質）になる。その仕組みについては「コペンハーゲン解釈」と「多世界解釈」という2つの見方がある……。

ここまでそんな流れをお伝えしてきました。つまり「見る人がいるかどうか」で素粒子のあり方は異なるのです。

この「粒子と波動の二重性」を示す典型的な実験として**「二重スリット実験」**がよく知られています。1961年を皮切りに、国内外で行われ始めました。そのシンプルさ、理解のしやすさなどから**「最も美しい実験」**と称されています。

とはいえその結果の解釈についてはアインシュタインも悩みましたし、今なお議論が続いています。いったいどのような実験なのか。宇宙一わかりやすく説明します。

① 1つのスリットがある壁に球を投げた場合

比較のため、古典物理学が支配するマクロの世界での実験を、まず見てください。

右上の図のように「壁」を2枚置きます。手前の壁にはすき間（スリット）をつくります（この壁を「1つのスリットがある壁」と呼びます）。そして手前から、「1つのスリットがある壁」をめがけて球をいくつも投げます。

結果、スリットを通り抜けたボールのみが後ろの壁に当たり、そこに**1本の筋**ができます。

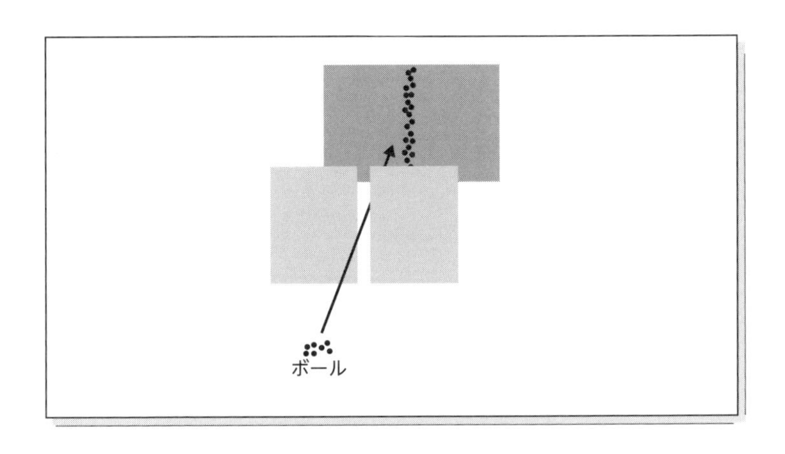

②2つのスリットがある壁に球を投げた場合

次に、手前の壁のスリットを2つにします。（この壁を「2つのスリットがある壁」と呼びます）。そして手前から、「2つのスリットがある壁」を目がけてボールをいくつも投げます。

結果、後ろの壁には**2本の筋**ができます（この状態こそ「二重スリット」という名称の由来です）。

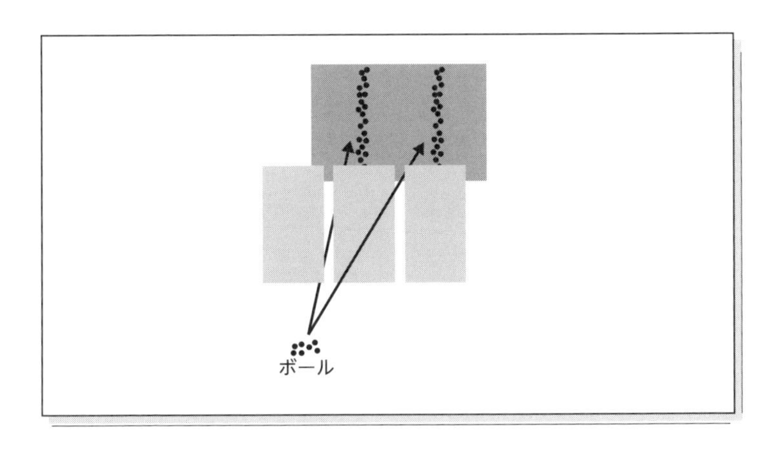

つまり球が、物質（粒子）として動いたということ。ここまでは想定内ですよね。

③2つのスリットがある壁に電子を発した場合

次はいよいよ、量子力学が支配するミクロな世界の実験に移りましょう。

今度は球ではなく、いくつもの“電子”を、同じく「2つのスリットがある壁」に向けて発射します。

電子が物質（粒子）としてふるまっているなら、前の球の実験と同じく、後ろの壁には2本の筋ができるはず。

でも……。なんと突然“縞模様”ができたのです！

物理の世界では、これを**“干渉縞**（かんしょうじま）**”**（明暗のある縞模様）と呼びます。

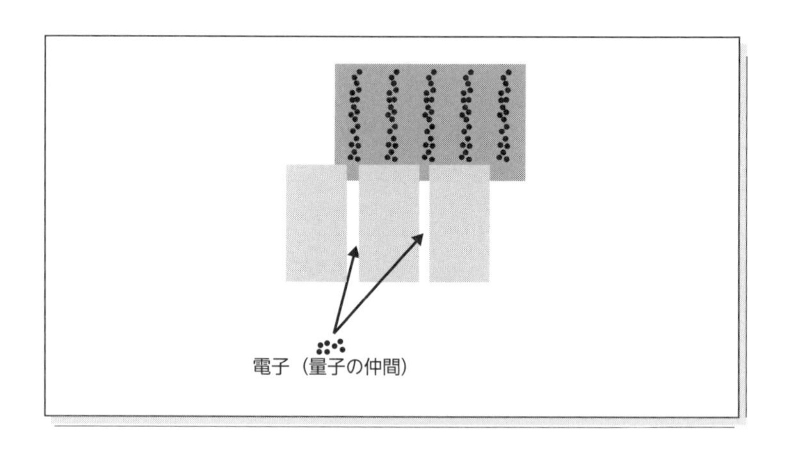

ただ、「電子を同時にたくさん発射したから、電子同士が干渉し合って縞模様になったのではないか」という指摘もありました。ですからその13年後に実験が行われた際は、電子を1個ずつ発射して観測されました。

しかし結果は同じでした。電子を1個ずつ発射しても、やはり干渉縞ができたのです。

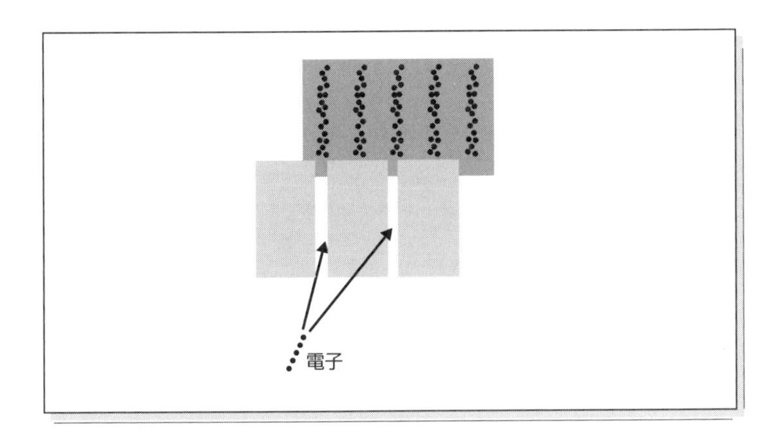

でもおかしいですよね。「電子を1個ずつ発射している」わけですから、電子同士の干渉は起こりえないはず。なのになぜ、干渉縞ができたのか。

これは**電子が粒子（物質）ではなく波動（波）としてふるまっていた証拠**です。

波動の状態だから、ぶつかり合って反響して、2本ではなくいくつもの痕跡が壁に残り、縞模様になったというわけです。

さらに注目してほしいのは、ここからです。二重スリット実験で1粒ずつ発射しても縞模様ができることがわかったので、次はある研究者が「電子が左右どちら側のスリットを通ったか」、観測機器を置いて調べることにしました。

すると観測し始めた途端、なんと干渉縞は消えて、2本の筋になったのです！

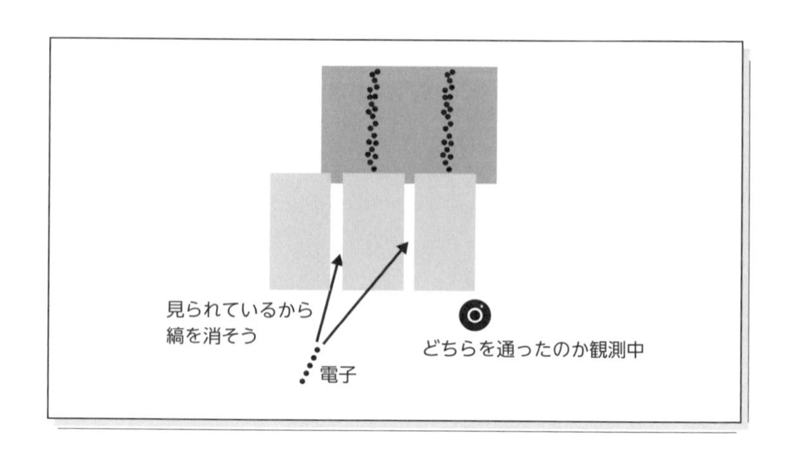

「波動としてふるまうから、干渉縞になるんじゃなかったの？」

そう思いますよね（笑）。

つまり「左右どちらのスリットを通ったのか」を調べるために**観測機器を置いただけで、電子は“粒”としてふるまった**のです。そして観測をやめた途端、再び縞模様が現れました。まるで観測者の心を読んだかのように……。

さらに興味深い、応用編の実験もご紹介します。二重スリット実験のひとつである**「遅延選択量子消しゴム実験」**の内容ですが、震えるほど不気味なのでお伝えしておきますね。

研究者らは、二重スリット実験をより高度な内容にグレードアップしました。「電子が左右どちらのスリットを通ったかを突き止める観測をしたかどうか」を、あとからわからせるようにしたのです。

かみくだいていうと**「縞模様をつくるかどうかを電子に最終的に決めさせたあと、観測していたかどうかを、あとから打ち明ける」**。そんな流れにしたのです。

結果、縞模様はできたり消えたりしました。
次いで、驚愕の事実が明らかになりました。なんと“未来に明かされる答え”に電子は常に正解していたのです。

もちろん研究者らは自分たちの意図をすべて隠していました。「観測していたよ」とか「どちらのスリットを通ったのか、観測はしてないよ」などの情報は、伝わらないようにしていました。
具体的にいうと「観測者の行動がわかるのは、電子が“干渉縞をつくるかどうかを決めるべきタイミング”のほんのわずか後」になるような設定で、観測機器が設置されていたんです。
それなのに電子は「左右どちらのスリットを通ったか観測していなかったとき」だけ、干渉縞をつくっていたのです。

つまり**「見られていないときは波、見られているときは粒子としてふるまいたい」**。そんな電子の思惑通りになっていました。

それは、電子が未来を把握できていないと、絶対にできないふるまいです。
ということは、**電子（素粒子）は未来を常にお見通し**なのでしょうか？ それとも電子は「過去」から「未来」という時系列など、超越した存在なのでしょうか。

答えは、いまだにわかっていません。これが世にも美しく、そして奇妙な「二重スリット実験」です。

21

quantum mechanics

重なっているのは“世界線”?

「シュレーディンガーの猫」を読み解く

有名な思考実験「シュレーディンガーの猫」もご紹介しておきましょう。アニメや小説をはじめ、長寿ドラマ『相棒』でも扱われるほど知られた実験です。

ただこの実験は“思考実験”といって、実際に行われたものではありません。量子力学の根幹に関わるテーマを扱っていて、いまだに科学者たちを悩ませています。

こう書くと「量子力学を肯定し、解説するための実験なのかな」と思われるかもしれません。

でも、もともとは、シュレーディンガーが、**ボーアの提唱した「コペンハーゲン解釈」(67ページ)を批判したくて生まれたもの**なのです。

実験を具体的に説明してみましょう。

鋼鉄の箱の中に、**猫**と**“恐ろしい装置”**を入れます。“恐ろしい装置”とは、ガイガー計数管の中に少量の放射性物質を入れたものです。これが1時間後に原子崩壊する可能性は50%です。ガイガー計が放射線を感知するとハンマーが稼働するため、青酸ガスの入った瓶が自動的に叩き割られる仕組みです。要は「箱の中の猫が死ぬ確率」は50%。青酸ガスが発生すると、猫は天に召されてしまいます。発生しなければ、元気なまま。

思い出していただきたいのですが、「コペンハーゲン解釈」の考え方とは「素粒子は、観測されるまで複数の可能性を持って同時に存在している」という考え方でした（67ページ）。その考え方をこの実験に当てはめると……。**箱の中の猫は1時間後に観測されるまで「生きている状態」と「死んでいる状態」が重なり合っている**ことになります。

でも、なんだか奇妙じゃないですか⁉

「そんな事態はありえないから、コペンハーゲン解釈は矛盾してるよ」というのがシュレーディンガーの主張でした。

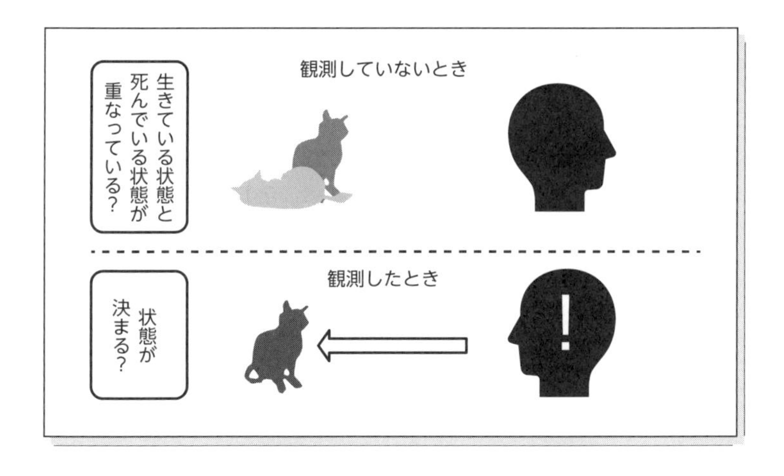

この実験には、解釈が山ほど存在します。「箱の中では“生きている可能性”と“死んでいる可能性”が重なり合っているのだ」と唱える学者も。でも抽象的すぎますよね。

じゃあ僕はどうなのかというと**「世界線そのものが重なり合っている」**と解釈しています。“生きている猫”と“死んでいる猫”、それぞれの猫ちゃんがいる世界線ごと、つまりパラレルワールドごと重ね合わせになっていると思うんです。

まさに多世界解釈（74ページ）の考え方ですが、筋は通るし矛盾もないはず。

この思考実験を通してあなたに伝えたいこと。それは「誰もが猫がいる箱の中をのぞくように世の中を観測して、自分が見たい世界線を選び取って見ている」ということです。**結局、誰もみな自分が生きたい世界線を選んで生きている**のではないでしょうか。だから妥協しっぱなしではもったいないですよね。「なんなら、もっとワクワクする世界線、より楽しそうと思える世界線を選んじゃいなよ」ってことです。

「まこちんは、ワクワクするほうを選んで生きろって言うけどさ……。それ、ほんとに大丈夫？　なんかさ、お花畑みたいな感じするしさ、根拠も理由もない気がするしさ……」

そんなお気持ちも、とーってもよくわかります。でも実際、ワクワクで生きるのは、物理的にも理に適っているんです。

この世はだいたいがテレビみたいな仕組みになっていて、**周波数が共鳴したものが目に入ったり、耳に入ったりする**のです。

それは自分自身が出してる周波数に最も近い現実を体験することになるということ。だから、ビクビクしながら生きてるとそんな感じの現実になっていくし、ピリピリしながら生きてるとそういう現実になっていく。だからワクワクしなが生きていると、やっぱりそれを反映したような現実がちゃんとやってきます。

あなたの**“直感”というのは、思い過ごしでもなく勘違いでもなく実は最も科学的**なんです。「なんとなくこっち」「なんとなくこれ」ってすごーく信用できるわけです。

その直感が「なんかワクワクする！」と教えてくれているわけだから、それはあなたにとって何よりの道しるべになるわけです。

心配すんな。周りの声も気にすんな。

思いっきりワクワクで生きていきましょう。

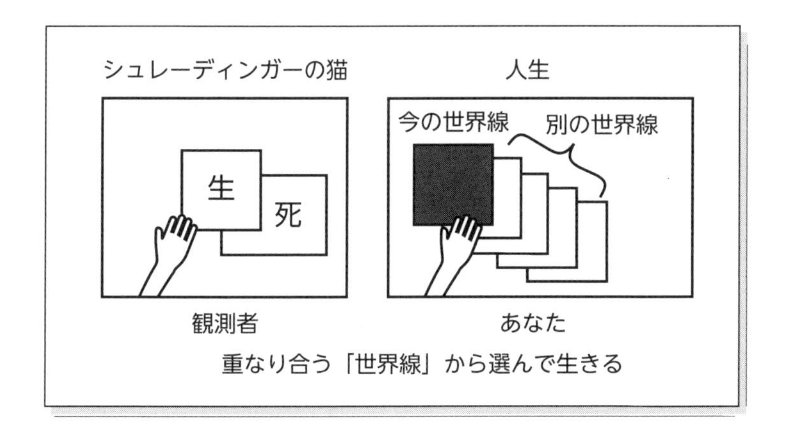

重なり合う「世界線」から選んで生きる

22

quantum mechanics

「量子もつれ」も活用できる

“もつれ”というよりペアリング?!

初級編も終わりに近づいてきました。本章のしめくくりとして、素粒子の不思議な2つの性質をお届けします。「量子もつれ」と「量子重ね合わせ」という、対でよく語られる性質です。誰もが知る言葉というわけではないのですが、あとでお話しする量子コンピュータ（260ページ）の計算の高速化などにも大きく貢献してくれているんですよ。

まず**「量子もつれ」**から見ていきましょう。量子もつれとは、素粒子同士に強い絆ができている状態（現象）と捉えてください。一度関係をもたせて一対にした2つの素粒子は、どんなに離れていても**瞬時に情報が伝わる**のです。

互いのことがわかるため、片方の素粒子の状態が変わると、それに応じてもう一方の素粒子も瞬時に変化します（まるでテレパシーで通じ合う仲のよいカップルのようですね）。

古典物理学の屋台骨に斬り込んじゃった？

この現象はアインシュタインら物理学者によって発見され、「幽霊のような念力」と怖れられました。そしてアインシュタインはその本質を受け入れられず、否定し続けます。

なぜなら、この「量子もつれ」という性質（現象）は、「光こそ宇宙最速」とされてきた古典物理の根幹を揺るがすからです。

わかりやすく解説してみましょう。
この世で最も速く移動するとされているのは「光」です。その速さは2.99792458×10⁸m/秒（ざっくりいうと**秒速30万km**）。この事実を発見したのは、ほかならぬアインシュタインです。
また彼は「相対性理論」の中で「どんなスピードで運動している人が計測しても、その速さは変わらない」と説いています。

たとえば光が太陽の表面から地球に到達するには、約8分間しかかかりません。とはいえ“瞬時”ではありません。
「量子もつれで伝わるスピードのほうが、光なんかよりも余裕で速いじゃん」ということになってしまいます。
つまり量子力学の研究が進んで「光＝最速」でなくなってしまっては、相対性理論まで揺らぎかねません。そのような事情もあり、アインシュタインは量子もつれを**「不気味な遠隔作用」**と呼んだのです。
しかしその後「量子もつれ」の存在は、アラン・アスペ教授、ジョン・クラウザー博士、アントン・ツァイリンガー教授らによって、実験的に証明されました。

産業から安全保障まで、多方面で大活躍

現在「量子もつれ」の性質は、すでに数多くのシーンで活用されています。
たとえば**量子レーダー**もそのひとつ。従来のレーダーでは見つけにくいステルス機を一発で見つけられたり、天候に左右されずに能力を発揮できたりするそうです。光の素粒子「光子」をペアにして、片方が対象物に当たると、手元にあるもう片方の光子に、瞬時に変化が現れる。すると、「どのあたりに何がいるのかが、まるっとわかる」。そんな仕組みのようです。

量子コンピュータで計算途中の情報を受け渡しする局面でも、「量子もつれ」は活用されています。「情報が赤とも白とも決まらない状態」で計算を進めるときに、不可欠なのです。

さらには通信技術の面でも活用されています。
「量子もつれ」にある光子は、どんなに離れた場所でも、一方が測定できれば、もう一方の状態も瞬時に確定します。この特性と、従来の通信技術をミックスさせたものを**「量子暗号通信」（量子通信）**と呼びます。

理論上は、どんなに遠くに離れていても量子通信は可能です。また、従来の通信のように途中で傍受、窃用（せつよう）される心配もありません。これは安心ですよね。

このように、量子力学の情報技術が役に立つのは産業だけに限りません。じつは安全保障にも直結します。だから今、各国が開発にしのぎを削っているんです。

たとえば2016年、中国は世界初の**量子暗号衛星「墨子号（ぼくしごう）」**を打ち上げました。また北京〜上海間（約2000㎞）に光ファイバーによる量子暗号通信網を構築したりしています。

アメリカも膨大な予算を投じ、研究を加速。日本も量子技術を国家戦略と位置付け、量子暗号衛星打ち上げを計画中です。

意識の現実化にも、もちろん役立つ

国家間レベルで競って研究されているほど、便利な「量子もつれ」。個人レベルでもできることなら活用してみたいですよね。それなら、次のように考えてみてください。

あなたのその意識や意図、まわりの素粒子たち（「お気に入りのモノ」や「いつも身を置いている空間」など）には瞬時に伝わっている可能性が高いです。なぜなら常に視界に入っていたり、愛用していたり、思い入れがあったりするわけでしょう？　ですからすでに「絆ができている」「深い関係性をもっている」「ペアリングされている」といえますよね。

そんな「量子もつれの状態にある素粒子たち」に、あなたが意思を投影すれば、その思いや願いを汲み取って、その実現に向けて動いてくれるはずなのです。

だからどんどん、いろんなことを思えばいいんです。あなたのまわりは、すでに**ペアリングした素粒子だらけ。**そのエネルギーがあなたの意思に影響されて、ふるまいを決めていきます。物質化へと自動的に突き進んでくれます。

素粒子たちの変化を感じ取るには、タイムラグがあるかもしれません。だって僕ら3次元にはとりあえず時間の流れというものが存在していますから。でも安心して、ワクワクドキドキしながら待てばいいのです。

素粒子の力は最強にして最速。だから安心してください。

僕もあなたも、みんなすでにもつれ合っている

さらにいうと**「宇宙は生まれる前から、量子もつれの関係にあった」**という新しい説も出てきています。

宇宙はビッグバンによって生まれたとされています。

そのビッグバンは「素粒子よりもちっちゃなちっちゃな“点”が爆発したもの」という説があります。宇宙のすべてはその“点”から生まれたものですから、そもそも全部、最初から量子もつれしていた、というわけです（諸説あり）。

つまり、それをまこちん流に表現すると……。

「最初っからみんな、もつれていた」（笑）。

だから物理的な距離に関係なく、モノ、空間などに自分の気持ちが伝わるのは、当たり前といえば当たり前なのです。もっというと、面識のある・なしに関係なく、好意が伝わったり、気持ちが届いたりすることだってあるのです。

地球の裏側に祈りが届いたって、おかしくない。

それは科学的にいうと**「素粒子が瞬時に反応して、物理的に変化しただけ」**なのです。

「量子もつれ」を使いたおすコツ、もうこれでわかりましたね。

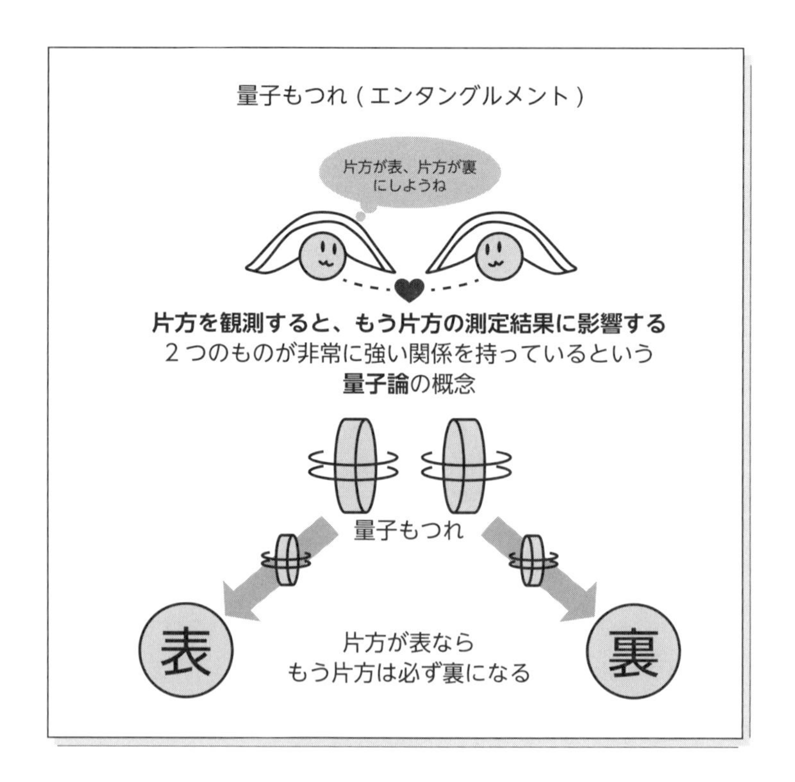

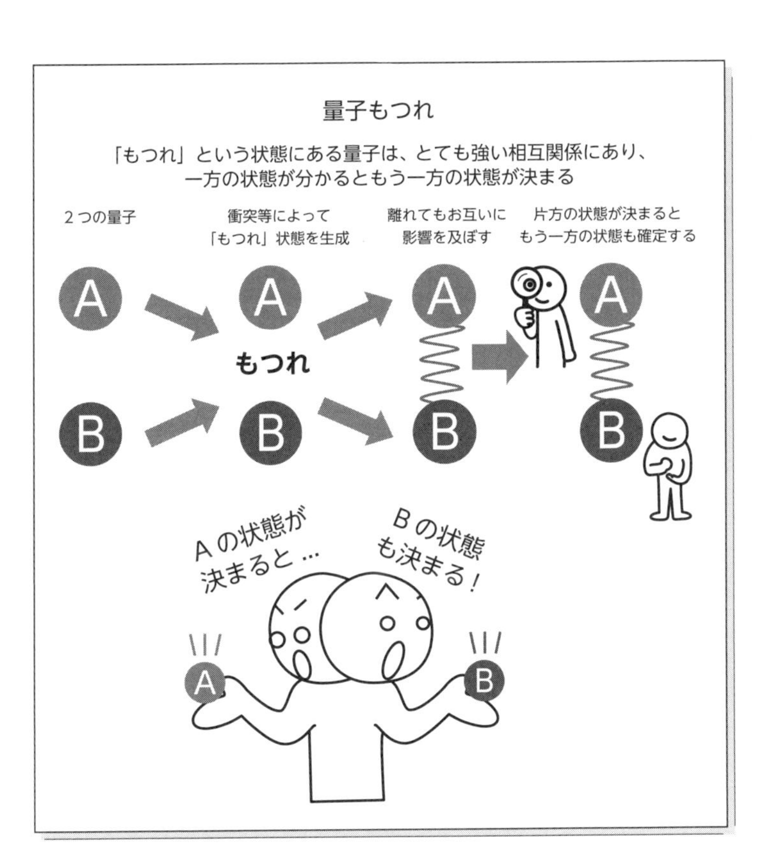
量子もつれ
「もつれ」という状態にある量子は、とても強い相互関係にあり、
一方の状態が分かるともう一方の状態が決まる
２つの量子
衝突等によって
「もつれ」状態を生成
離れてもお互いに
影響を及ぼす
片方の状態が決まると
もう一方の状態も確定する
A
B
もつれ
Aの状態が
決まると…
Bの状態
も決まる！

23

quantum
mechanics

選択肢の多さに気づこう

「量子重ね合わせ」で、もっと心豊かに

「量子もつれ」（98ページ）と並んで量子コンピュータに必須の性質、「量子重ね合わせ」について見ていきましょう。一言でいうと**「たった1つの素粒子であっても複数の場所に同時にいられる」**という素粒子の面白過ぎる“特技”です。

「なんだか似た話を、すでに聞いた気がする」、そう感じた人はいませんか？

そうです。「二重スリットの実験」では、電子は観察されるまでは「粒子」と「波」という2つの状態の重ね合わせでしたね（88ページ）。また「シュレーディンガーの猫」では「箱の中で“生きている状態の猫”と“死んでいる状態の猫”が重なり合っていることになるの？」という問題が投げかけられました（94ページ）。

それらの奇妙な状態につけられた名称こそ、**「量子重ね合わせ」（スーパーポジション）**なのです。

「同時に複数の状態をとる」ってどういうこと?!

この言葉を説明する際に、たとえ話としてよく使われるのが「箱」の話です（また箱！）。

真ん中に仕切りがある箱に、ボールを入れたところをイメージしてください。古典物理の法則がはたらくマクロな現実世界では、ボールは「右にある」か「左にある」かの二択です。

　でも、ミクロな量子力学の世界では、左右どちらかにあるのではなく**観測されるまでは、右にも左にもどちらにもある**ことになります。それこそが「重ね合わせ」の状態です（その後、観測されてはじめて左右どちらにあるかが確定します）。

「1つの素粒子が複数の状態を同時にとっている」のは何度考えても不思議なものです。
「右か左かどちらにあるかわからない」というのではなく、実際は「どちらにもある」だなんて……。

忍者も量子力学を使いたおしていた？

　僕はこの考え方を聞く度に、忍者がよく使っていたとされる**「分身の術」**を思い出します。たったひとりの忍者が複数人いると見せかけて敵の目をあざむく忍術です。
　子どもの頃、忍者が出てくる漫画やテレビを見ていたとき。「めちゃめちゃ速く動くことで残像をつくりだすから、大勢いるように見えていたのだろう」と、なんとなく理解していたのですが……。今になると「もしかして、あれって量子重ね合わせを利用していたのかも?!」なんて思えてきます。
　もちろん忍者なんて僕のまわりにはいないし、確かめようがないんですけどね。ぶわはははは～!!
「われこそは忍者なり」という方がもしいらっしゃったら、ご連絡ください。

　そんな忍者の“残像”っぽい「量子重ね合わせ」が量子コンピュータや量子暗号などにも使われているというのですから驚きです。平たくいうと「素粒子が同時にとっている複数の“状態”すべてに同時に計算をさせるため、計算速度を飛躍的にアップさせられる」という考え方だそうです。そりゃ速くなりますよね。

あなただって本当は何人もいる

僕らも個人レベルで、この考え方を使いたおさなきゃもったいない。いったいどのように捉えればいいのか、まこちん流に超訳してみましょう。

素粒子に「量子重ね合わせ」という性質があるならば、あらゆるモノも思考も空間すらも、同じような性質を持っているはずです。

もちろんあなた自身もです。

具体的にいうと、**今この瞬間、複数のあなたが同時に何人も、存在している**ことになります。それも無数に。

「……この話の流れも、なんだか聞いた気がする」。そう感じた人がいるかもしれません。

そうです、多世界解釈のところで複数の世界（パラレルワールド、世界線）が同時にいくつも存在しているとお伝えしました。そのパラレルワールドの数は「ひとりあたり10の500乗」でしたよね（78ページ）。このように「多世界解釈」と「量子重ね合わせ」は親和性が非常に高いです。

では「今のあなた」はなぜ、数多くの「あなた」の中から「今のあなた」を選んだのでしょうか？

それは、数多くの「あなた」の中から、あなたが自ら選び取ったから。誰かにすすめられたり、他の人に代理で選んでもらったりしたわけではないはずです。

だから、もし「今のあなた」が変わりたいと願うなら。「別の私」になってみたいなら。再び膨大な「あなた」の中から理想的な「あなた」を選んでみればいいのです。違う世界線の「あなた」を選んで観測して、行動し続ければ、やがて移動することができますから。

可能性を狭めなければ、どうとでもなる！

また「あなた」だけでなく**「可能性」だって「重ね合わせ」**になっています。
素粒子たちは「どこにいるのか」「いついるのか」「どのくらいの速さで移動しているのか」、そこらへんが常にあいまいで、可能性でしか表すことができません。
でもそれは逆にいうと“強み”でもあるんです。なぜなら、**あらゆるすべての可能性を、同時に網羅しているから**です。**すべての可能性を同時にまとめて押さえているから**です。

たとえばAの可能性も、Bの可能性も、Cの可能性も、全部1つの素粒子が対応できるように持っているんです。
それを拡大解釈すると、僕らも同じようにしたほうが理に適っているように思えるんですよね。

1つのことに固執するばかりでなく、視野を広げてさまざまなことを体験してもいいでしょう。1つの考え方だけしか認めないというのではなく、あらゆる考え方を知ろうとしたり、意見の違う人に寛容になったりすることも大事でしょう。
とにかく「唯一」という言葉に引きずられすぎないほうがいい気がします。

「やりたいことが見つからない」とか「好きなことがわからない」などという場合は特にそうです。そんなときは、手あたり次第に「いいな」と思ったことに、フットワーク軽く挑戦してみればいいんです。

くれぐれも「私には◎◎しかない」なんて決めつけないでくださいね。思い詰めないでくださいね。「あらゆる可能性を広げておく」「自分で間口を狭めない」というのが量子力学的な生き方ですから。

いろいろなことに挑戦するうちに、未来のどこかの時点で、きっと**波束が収縮して物質化**します。それも、本人が予期せぬような最高のレベルで物質化するはず。

ですからあなたも"重ね合わせ"のマインドで、地球上でいろんな体験をもっと楽しんでほしいと思います。

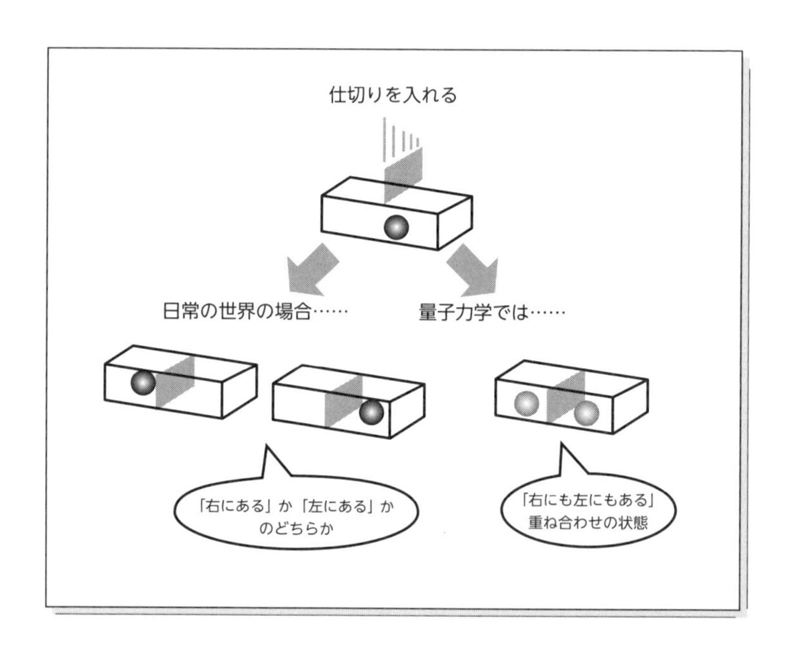

第2章

「幸せになるため」の量子力学の仕組み

24
quantum mechanics

相補性原理の誕生

「因果性だけじゃムリ」と説いたボーア

初級編では、量子力学の基礎的な事柄についてお伝えしました。ここからいよいよ「中級編」です。量子力学の核心に迫っていきましょう。

最初に**「相補性原理（そうほせいげんり）」**という概念についてお話しします。
「相補性なんて言葉、聞いたことがない」という人のほうが多いかもしれません。実際「あいほせい……と読むのですか？」とたずねられたこともあるくらいです（ムリもありません！）。
ただ、言葉の意味を説明すると「そういうことか」とみなさんすぐに納得されます。また「めっちゃわかる！」と共感したり、「便利に使ってます」と報告してくださったりすることもしょっちゅう。ですから安心して読み進めてください。

常識をくつがえした量子力学の父

「相補性原理」を定義すると**「すべての物事には2つの側面があって、それぞれを補い合ってうまく存在している」**ということです。この考え方、じつは僕らの生き方をうんとラクにしてくれます。でもそれをお伝えする前に、いったいどのような“原理”なのか。誰がなぜ説いたのか。時代背景からお話ししますね。

19世紀頃までの学問の世界では**「因果律（いんがりつ）」**という原則が支配していました。「すべての事象は、因果の法則（「過去の原因のために結果が決まる」という原則）で説明できる」という考え方です。

アインシュタインはこの因果律をとても重視していました。ですから「理論は簡潔で美しくなければならないし、常識と合っていないと気持ち悪い」と捉えていたのです。

でも19世紀が終わり20世紀に入ると、素粒子の性質に代表されるように**「因果律だけではどうにも説明がつかない」**という問題が増えていきます。たとえば生物学の世界を見てみましょう。「なぜ、生物には動物と植物があるの？」「なぜオスとメスに分かれているの？」などの問いに、因果律で答えるのは困難なはずです。

そこで**「“因果律”だけでは限界があるから“相補性”という考え方も採用しませんか」**と力説したのが、量子力学の“育ての親”“慈父”と称される**ニールス・ボーア**（25ページ）です。

ボーアが「相補性」という概念を生み出すに至ったのは、素粒子の不思議なふるまいを解釈しようとしてのことでした。「素粒子が粒と波の両方の性質を持っている」というのは非常に大きな問題です。物質のこの奇妙な性質をどう理解したらいいのか？彼は悩み続けました。

なぜなら当時主流だった古典物理学の解釈を突き詰めても「一方で粒子、他方で波」という素粒子の二重性なんて、認められないからです。

古典物理学はバリバリの因果律で貫かれています。「素粒子が二重性をとる“原因”がわからないなんて、そんな理論ありえないでしょ」と一刀両断されてしまいます。

やがてボーアは次のような**「波束の収縮」**（68ページ）の考え方へとたどりつきます。「測定前の状態は確定できない。ただいろいろな状態がある確率で重なり合っている。そして観測した瞬間に、確率的に存在していた複数の状態のうちのどれかに決まる」。

また**「素粒子の性質を完全に記述するには、粒子も波も両方の性質が必要」**という「相補性」の概念に至ります。

これは非常に実際的というか、現実的なものの見方です。

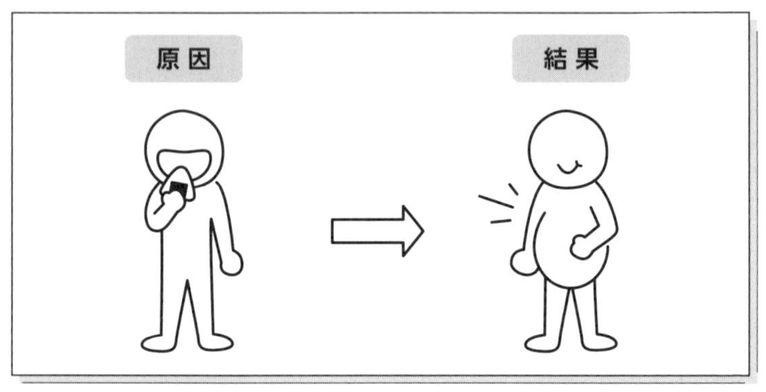

（因果律のイメージ）

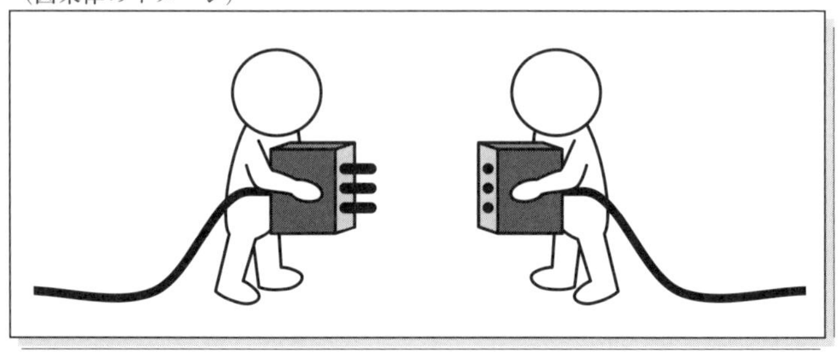

（「相補性原理」のイメージ）

「決定論」から「確率論」へ

そして、1927年9月16日。イタリアのコモで開かれた国際会議でボーアは次のように力説します。「対象が粒子に見えるか、波に見えるかは**“どうやって見るか”**で決まるんです」。

この講演でボーアは相補性原理だけに留まらず、量子力学の土台となるような、複雑で斬新な内容も大量に語りました。それらがまとめてのちに**「コペンハーゲン解釈」**（67ページ）と呼ばれるようになったわけです。

驚いたのは当時の科学者たちです。相補性原理はもちろん「対象が粒子に見えるか、波に見えるか、観測されるまで確定しない」という点にも驚愕しました。

なぜならそれまでの科学の世界では「物事には必ず、原因と結果があって、それらはあらかじめ決まっている」という**「決定論」**が主流だったからです。

ボーアはそうではなく、「あらかじめ決まってはいないこともあるよ」という考え方を世界に提案しました。それが「“どうやって見るか”で決まるから」という**「確率論」**です。

ひとつの印象じゃ富士山の全貌はつかめない

ボーアの説く「相補性」の概念がよくわかるエピソードをご紹介しておきましょう。

1937年、彼は日本に招かれ、来日したことがあります。その際に富士山を二度、異なる状況で見ています。

ボーアはその体験と「相補性原理」を絡めて京都帝国大学（現京都大学）で講演を行いました。それは「相補性原理のスピーチ」といわれ、非常に有名です。その内容を次男・ハンスが旅日誌に書き留めた部分をご紹介します。

「初めての時は頂上が暗い雲に隠れていたが、裾野から山ひだと輪郭の線が［頂上に向かって］駆け上がっていくのが見え、頭部が畏怖に包み隠されている山の表象を得ることができた。その翌日に頂上を見ることができたが、今度は逆に白い雲が下半分をおおっていた。それでも堂々と聳える山の姿を見ることができた。これらふたつの印象は相補関係にある。すなわち、それぞれが別個の山の印象を与えるものの、それがいっしょになって初めて富士山の完璧な像を結ぶことができる。」(『ニールス・ボーアは日本で何を見たか　量子力学の巨人、一九三七年の講演旅行』長島要一著／平凡社)

陰陽思想と素粒子に共通すること

またボーアは日本のあとに訪れた中国で「易」と出会い大きな影響を受けています。たしかに相補性の考え方と「易」には通ずるものがありますよね。

「相いれないはずの2つのことが、お互いに補い合って1つの世界をつくりあげている」。これが易の基本思想ですから。

「陰と陽」をいい換えると「男性と女性」「静と動」「昼と夜」「光と闇」「表と裏」「自然と人間」「粒子と波」……。

これらは両方が補い合って1つの世界をつくりあげています。

もちろんときには混乱したり、対立したりすることもあるかもしれません。ですがじつは互いに求め合っていたり、混然一体としていたり、最終的にはうまく調和しています。

別々の存在ではないし、分断されてもいない。補い合って、一体だからこそうまく回っているのです。

東洋の人たちは、大昔からそんな真理を悟っていたのでしょう。

1947年、ボーアはその偉大な功績に対して、母国デンマークの最高の勲章「エレファント勲章」を受けています。この勲章を受けた人は「紋章」を決めることになっています。

そこで彼が選んだのは、なんと陰陽思想の象徴である「太極図」でした。**「陰極まれば陽となり　陽極まれば陰となる」**とい

われるあの太極図を、デザインに取り入れたのです。

デンマークのフレデリクスボー城には、世界の王室・元首の紋章とともに、ボーアの選んだ紋章が今も飾られているそうです。

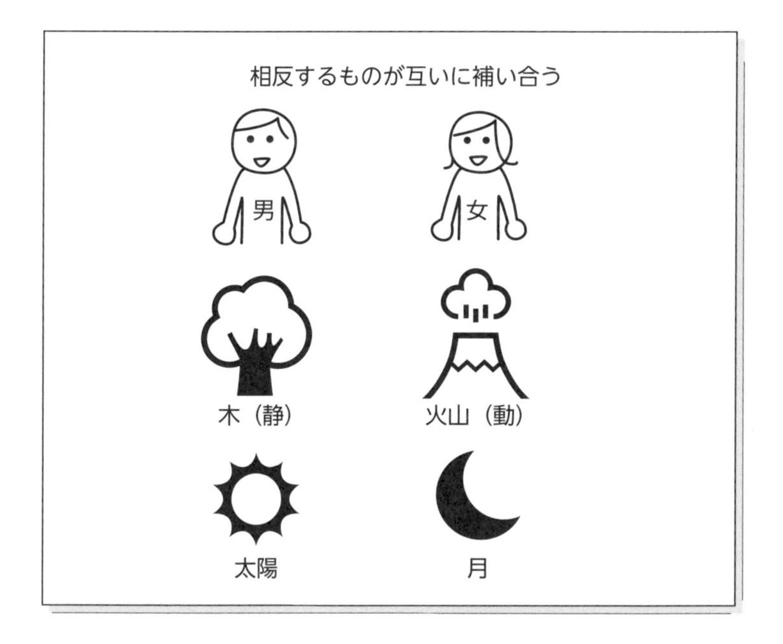

25

quantum mechanics

自分をもっと大切に扱おう

相補性原理を利用して難局を乗り越える

前の項目では「因果律に相補性を加える必要性」を説いたボーアについて、お話ししました。

そんな彼が後年「陰陽論」に惹かれていった理由について深掘りしてみましょう。

僕はこのあたりが心の問題とつながっている気がしています。「相補性原理」を使いたおす秘訣を一緒に探っていきましょう。

ボーアは、量子の世界の**「万物は波動でもあり粒子でもある」**という二面性と、**「陰陽入り混じるところに実在が存在する」**という陰陽論とに、“相補性”という共通点を見いだしたのでしょう。人生の後半には東洋哲学、特に易経を研究しました。そして次のような意味のメッセージを残しています。

「——原子物理学論との類似性を認識するには、僕らはブッダや老子といった思索家がかつて直面した認識上の問題に戻って、大いなる存在のドラマのなかで、観客でもあり演技者でもある我々の位置を調和あるものとするように努めるべきだと思う」

この一節は物理ファンには非常に有名で、いろいろなところで引用されています。

出典は、ボーアのエッセイや講演をまとめた著作『Atomic Physics and Human Knowledge』（Dover Books on Physics）なのですが、それを訳してみました。

陰も陽も、どちらも大事

そしてもうひとつ、量子力学と仏教に共通することがあります。それは**「僕らの心が世界を生み出す」**ということです。

量子力学では「僕らの意識（心）が世界を創っている」ということがいえます。

人の意識が素粒子に当たったとき。素粒子はそれを感じとって、波の状態から粒子の状態に収縮（収束）させ、現実を創っているからです。じつは仏教もよく似ています。

仏教では幸せも不幸もすべては心によると考えられています。

一番大切なのは**「人生において陰のときも陽のときも、どんな心、どんな見方で世界を見るか」**という点です。

そもそも「自分」という人間の中にも陰陽が共存しています。どちらかが秀でていて、どちらかが劣っているということはありません。両方備わっているからこそ、本当のあなたなのです。

憶測になりますが、このような仏教と量子力学の共通点に気づくことで、ボーアは相補性原理への確信を一層深め、より深く豊かな思想へと育て上げたのでしょう。

“弱み”もあるから、愛される

そんな叡智の結晶である相補性原理を使いたおすために、僕たちがいったいどう解釈すればいいかというと……。

まず、**「未熟さ」「弱さ」などを責めすぎない**ことです。「そのままの自分」でいいと肯定するツールとして活用できます。

たとえば「見た目を変えないと愛されない」「お金がないと愛

されない」「仕事ができないと愛されない」「人気がないと愛されない」「目立っていないと愛されない」「ダイエットしないと愛されない」「頭がよくないと愛されない」。

こんなふうに、勝手にそう思い込んだことはありませんか？
「～でないとダメ」というように、自分を否定したことはありませんか。
「今の自分は◎◎ができていない（＝足りていない）状態だ」と捉えたことはありませんか。
そしてそれらの“欠如”を埋めるべく「本当は向いていないかもしれないこと」「本当はどうでもいいこと」を過度に頑張ったことはありませんか。

でも「何かがないと（あるいは何かを足さないと）あなたが愛されない理由」なんて、本当はないはずです。物理的に素粒子レベルまで追求すると、そんな理由はなんにもありません。本当に何ひとつ見つかりません。証拠も裏付けもなんも、何にもありません。

つまり**あなたは今のまま、そのままで愛されるはず。**
「弱み」に思えて仕方がないところも、あなたの一部。
ほかに**「強み」があって、それと釣り合いがとれている**んです。
それこそが相補性理論の真髄です。

あなたは今のまま、そのままで愛される存在

また巨視的に見ると、宇宙にとって、あなたはかけがえのないエネルギーの一部です。
もし、それがちょっとでも欠けてバランスが崩れたら、宇宙全体が存亡の危機になってしまいます。

つまり、あなたも僕もみんなも「そこにいる」だけで超貴重な存在なんです。それを理解してしっかり腑に落としてください。その後、「私自身は、そのままで愛される」と心に“設定”してみてください。
すると面白いもので「今、もうすでにこんなに愛されてるじゃん、私！」というように感じられるようになってきます。その証拠がどんどん集まってきます。そして“設定”をして選択したものだから、そういう現実がさらにどんどんやってくるようになります。

トラブルだって人生のスパイス

また相補性原理は、人生の**「快適さ」**についても当てはまります。人生を引いた目で俯瞰してみると快適な時期とそうでない時期、「いろんな時期があるから楽しいのだ」といえます。

たとえば「ずーっと平穏」「ずーっと幸せ」という状態は、ありがたいようでいて、もしかすると偏っているのかもしれません。
快適さのバランスも大事という気がするのです。
要は人生の中で**多少の「不快適さ」も必要**ですし、あってしかるべきなのかもしれません。

「基本うまくいっているしオモロいし幸せだけど、たまにはパートナーと喧嘩しちゃうこともあるよね」「仕事は順調だけれど、たまにはハラハラする場面がやってくるよね」「普段は平穏に暮らしていて、いつもニコニコしているけれども、ときにはやっぱりイラっとしたり怒ったりすることもあるよね」etc…。このような具合です。

そんな一見ネガティブに見える、突然のプチトラブルも、人生のバランスをとるために、じつはめっちゃ大事なんです。

そんな“快適じゃない状態”を、僕は**「不快適さ」**と呼んで、大事に味わうようにしています。

なぜなら、そんな不快さ、不便さ、面倒臭さなどを実感するのも人生における大切な体験だし、そのおかげでわかることってたくさんあるからです。

あなたの人生を存在させるため、そしてさらにそれを充実したものにするためには**「快適さ」と「不快適さ」、両方とも大事**なのです。

もしあなたが突発的なトラブルに巻き込まれたり、突然ミスをしてしまったり、落ち込んでしまいそうなときは、**「幸せになるためのバランスをとっている」**と捉えてください。

それも「相補性原理」を実生活でうまく使いたおすコツです。

この「バランス」という言葉も、けっこうキーワードです。大きな視点で捉えたときに、バランスがとれていることが大事なんです。

陰陽のバランス、弱みと強みのバランス、快適さと不快適さのバランス。内側と外側のバランス、意識と身体のバランス……。

量子力学的には、**すべてのモノもコトも、真逆があってはじめて実在になる**と形容できます。

たとえば表があったら必ず裏がある、みたいなことです。両方なきゃいけないし、そうしないと存在すらできないということなんですよね。

これが「相補性原理」の本質です。

（突然ミスをしたりして、落ち込んでしまいそうなときは、「幸せになるためのバランスをとっているのだ」と捉えてください）

26
quantum
mechanics

意識を現実化させるコツ①

潜在意識の“当たり前”が現実になる

量子力学と仏教の共通点とは「僕らの心が世界を生み出すこと」とお伝えしました（47ページ）。それに関連して「意識は現実化する」というこの世の原則について、くわしくお話ししていきます。

そもそも意識が現実化するのは、**意識が身のまわりの素粒子に伝わった結果、それらが波から粒子へと状態を変えてくれる**からでしたね（波束の収縮）。この科学的な原則は、誰にとっても納得しやすいはず。それにすぐに試せますし、効果だって即実感できます。そういう意味では最強のノウハウといえるでしょう。ただこの方法を成功させるには、ぜひとも押さえていただきたいポイントがあります。それは“潜在意識”です。

潜在意識の「当たり前」が現実になっていく

そもそも意識には“顕在意識”と“潜在意識”の2種類があります。

“顕在意識”とは**「言葉にできる意識」**のことです。論理的な思考や理性、知性、判断力などをつかさどり、**「表面意識」**といわれることもあります。

それに対して**“潜在意識”**とは**「普段、認識ができない意識」**です。感覚、感情、直感、記憶、本能的な欲求などをつかさどり、**「無意識」**といわれることもあります。

人間の“意識”のうち、3～5％が顕在意識、残りの95～97％が潜在意識というのが定説です。つまり僕らは普段、**潜在意識を眠らせたまま、顕在意識が圧倒的に優位な状態で過ごしている**んです。思考や判断など、頭を使いっ放しでいるわけです。

でも、もし幸せになりたいと望むなら。「行動を変えたい」「自分を変えたい」「人生を変えたい」と願うなら。意識のより深いところにある**潜在意識をもっと大事にしてほしい**のです。

なぜなら、意識と現実化の仕組みってちょっと変わっていて……。潜在意識が当たり前と思っていることが、叶う仕組みになっているからです。

まずは“ガチ妄想”から始めよう

では潜在意識に、その願いを「当たり前」と認識してもらうにはどうすればいいのでしょう。

いくつかやり方がありますが、手っ取り早いのは妄想力を高めること。自分でコントロールできる**顕在意識や思考を使って、妄想する力を高めていく**んです。

妄想とはある意味、**そこにどっぷりと浸かっちゃう**ことでしょう。たとえば、願いが叶ったときの状況をイメージして、そのときに味わう感情や感覚はもちろん、その場の空気感や見ている景色、聞いている音、さらには嗅いでいる匂いまで妄想しまくって、**今、ここで味わっちゃう**ってことなんです。そして「叶ったらどんなに楽しいのか」「どんなにオモロいのか」。それを妄想の中で先に味わってしまうんです。そんなふうに妄想というトレーニングを積むうちに、あなたの夢も願いも、叶う確率がどんどん上がっていきます。

27
quantum mechanics

意識を現実化させるコツ②

「本気の好き」を願うべし！

潜在意識の当たり前を現実化させるために「願いが叶ったつもりになって妄想すること」が大切とお伝えしました（123ページ）。そこのあなた、「なんだか面白そう」って思ったでしょ？

でも、いざ試そうとした瞬間に疑問が湧いてきませんでしたか。「あれ、何を願えばいいんだろう」って。

世の中にはいろんな人がいます。「私の願いはコレ！」と即答できる人もいれば「それがわからなくて悩んでいる」という人だってまったく珍しくありません。ですから、「何を願えばいいのか問題」から一緒に解決していきましょう。やっぱり「**先に決める**」って大事ですから。

「どんなことをしたいのか」「どんな人になりたいのか」。それを潜在意識レベルで先に決めるのです。そして、そのあとにやってくる直感やヒントに従って行動を繰り返していれば、信じられないようなタイミングで、信じられないようなことがちゃんと起こるようになっています。

もちろんタイムラグが生じることがあるかもしれません。でも着々と現実化されていきます。

必要なことは、必要なタイミングできちんと起こっていきます。だから、まず決めちゃいましょう。

「今できそうなこと」でも「とてもできなさそうなこと」でも、大丈夫です。

このときに遠慮したり、忖度（そんたく）したりする必要はありません。

たとえば「お金がないから現実的にはムリ」とか「今の実力じゃ不可能」とか、**自分に制限をかけないで。**今の実際の**“外側”**の状況なんて、**意識の現実化とは無関係**ですから。自分の未来を無制限で自由に考えて、条件なども付けずに未来を選択して決めればいいんです。

さあ、あなたはどんな“あなた”になりますか？ どんなことを願いますか？

「不安」ではなく「好き」を核にする

おすすめしたいのは「好き」という感情を核にして願い（夢や願望）を設定すること。「好き」が核にあると、喜びなどのポジティブな感情もおのずと湧いてきます。すると、願いの前提やベース（土台）に「好き」という“強烈ポジティブなパワー”が及ぶため、潜在意識もそれをそのまま物質化してくれます。

すると、やはりうまくいきやすいのです。

反対に、「好き」が核にないと失敗しやすくなります。たとえば「好きでもないこと」を願っていたり、「売れそうだから」「人気が出そうだから」「お金になりそうだから」「生活が安定しそうだから」などの理由で「願い」を選んでいるときです。ほとんどの場合、その根っこには「不安」が潜んでいます（たとえば「お金になりそうだから」というときは「お金がなくなったらどうしよう」という不安が強くあるはずです）。

つまり願いの前提やベースに「不安」が横たわっているわけです。すると潜在意識はそっち寄りの現実を選び続けるものだから、うまくいかないことが多い。あるいは一時的にうまくいっても最終的には失敗したりするんです。

事業はうまくいっていたけれど……

実際、僕だってそうでしたよ。以前、医療機器関係の販売会社をつくって17年間経営していたことがあります。業績は順調だったのですが、あるときから徐々に違和感を覚え始めました。「これは本当に自分のやりたいことなのか」「心から楽しんでいる仕事なのか」って。

その頃から業績が伸び悩みだしたんです。もちろん時代の変化などの外的要因も影響したとは思います。でもやっぱり、そこに「好き」がなかったことが大きく作用したと思えてなりません。

そんな時期、経営者仲間の知人がFacebookにアップしていた記事に目がとまり、量子力学のことを知り、この世界に足を踏み入れました。

その記事には「現実の世界は本人の意識で変えられる。それには裏づけがある」と書かれていました。そして今まで聞いたこともないような物理の法則や、我々の住む現実の成り立ちや仕組みについて説かれていました。

初めは絵空事のようで信じられなかったのですが、どうしても気になってしまって……。結局自分でさまざまな資料を集めて調べるようになり、そちらにのめり込んでいきました。これが僕の量子力学との出会いです。

そして2018年から量子力学の魅力を伝えるブログをスタートさせ、今ではおかげさまでセミナーや講座、セッションなどのサービスを提供できるまでになりました。まさに"妄想"を実現させ続けてきたわけです。今読んでいただいているこの本を出版できたことだって「意識の現実化」の一例ですからね。そんな僕が**「"好き"は大切」**と断言するのですから間違いありません。

ですから……。自分は、それをあまり好きではないけれど「かっこいいって言われそう」「モテそう」「儲かりそう」「親に褒められそう」。そんな動機で願いを設定するのはやめましょう。いくら望ましい結果を出せていても、他人から高く評価されていても、そこに「好き」がないと苦しいような気がします。

要は他人からの評価なんて気にしすぎずに、願いを設定してほしいのです。

もしかするとそのほうが結果的に、かっこいいと言われたり、モテたり、儲かったり、褒められたりするかもしれません（笑）。何より"オモロ〜！ な人生"になりますから。

"大きな目的" を見失わないで

とはいえ「なーんでも叶っちゃう」「ぜーんぶ思い通り」というわけではありませんよ。なぜなら**"本来の目的"とズレていることは現実化しない**ことになっているからです。

たとえばわかりやすいのは恋愛です。「別れた彼とどうしても復縁したい！」と意識しても、そうなるとは限りません。というかだいたいの場合、その手の願いって成就しないことがほとんどでしょう？

理由は明快です。もしその元カレと復縁して、一緒にいて本当に幸せになれるのなら、復縁できるでしょう。でも、そうでない場合。その元カレといたら、また前と同じように振り回されたり、雑に扱われる可能性がある場合。復縁はきっとできないでしょう。なぜなら、あなたの本来の"大きな目的"である**「幸せになる」という願いが叶わなくなるから**です。

つまり"大きな目的"や"本当の目的"を現実化させるために、目先の願いが叶わないことってよくあるんです。

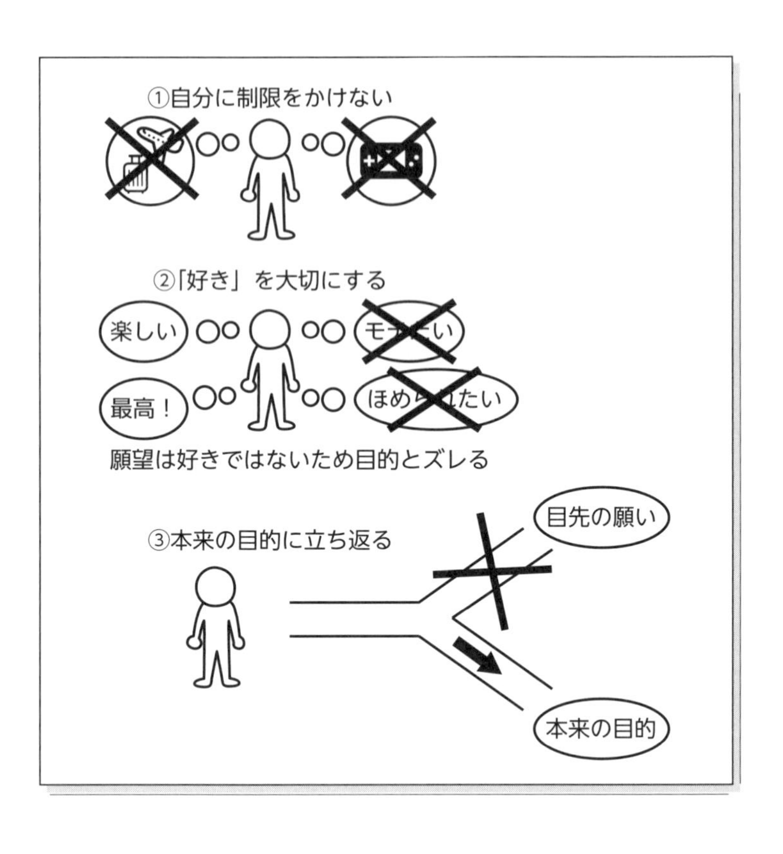

本来の目的とズレるような小さな願いは現実化しないことになっているのです。このルールを知らないで「とりあえず寂しいから元カレと復縁したい」などと願い始めると、それは執着になり、どツボにハマります。どんどん疲弊して、幸せからは結局かけ離れてしまう羽目に。

でもこのルールを知っていたら、復縁へと導いてくれない自分の潜在意識や、まわりの素粒子たちに対して、むしろ感謝の気持ちが湧いてきませんか。そんな境地に至ったあなたは、すでに潜在意識の立派な使い手です。

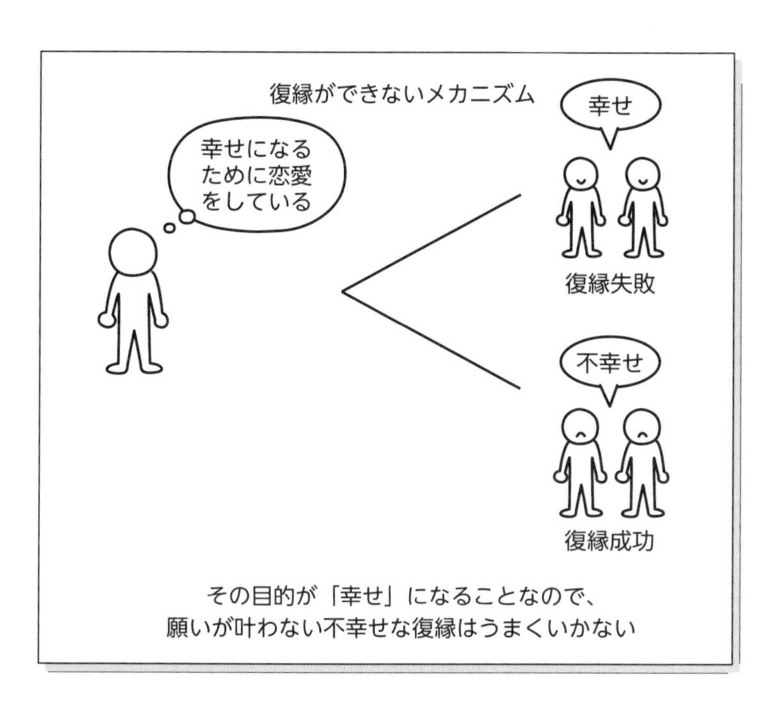
復縁ができないメカニズム
幸せになる
ために恋愛
をしている
幸せ
復縁失敗
不幸せ
復縁成功
その目的が「幸せ」になることなので、
願いが叶わない不幸せな復縁はうまくいかない

28

quantum mechanics

意識を現実化させるコツ③

ゆるーく願って、忘れるくらいが最強

潜在意識の「当たり前」を現実化させたいとき。量子力学的にいうと「ガチガチ」に願いすぎるのはおすすめできません。僕自身も体験があるのですが、細部までバッチリ具体的に願いすぎると、意外と達成しないという傾向があります。

わかりやすい例を挙げてみましょう。たとえばパートナーがほしいとき。「◎月までに、身長180cmで、年収1000万円以上で、タワマンで一人暮らしをしている、誠実でイケメンな彼ができますように」。

こんなイメージの仕方は控えるのがベター。なぜなら、**細部にこだわると、潜在意識は「そうではないほう」にフォーカスしてしまう**ことがあるからです。

だから理想的なのは、目標を“ざっくり”とゆるやかに設定することです。
「そうなったらめちゃくちゃうれしいけれど、そうならなくても、まぁ別にいいや。それよりも、もっとすごいことがあるかもしれないし……」。
これくらいゆるゆる、かるかるがいいのです。ギッシリ、キツキツに決めすぎると不要な執着が生まれてしまいます。“スキマ”のある感じをイメージしてください。

なんなら……。「たしかに、そうなりたいと思ってはいるけれども、意識なんかはしてないな」「一度は願ったけれども、毎日忙しくて気づかないうちにすっかり忘れてた」。これくらい軽いノリが最強です。たとえその直後に忘却したとしても、**一度はっきりと願った時点で（顕在意識で決めた時点で）潜在意識はそれをインプットしている**ものだから、大丈夫です。

また執着や欠乏の感覚が湧かなくてすむ分、いったん忘れたほうがむしろ好都合ともいえます。

現実化まで、いかに心地よく過ごすかがカギ

そして「願いを忘れずに思い続けること」より大事なのは**“今”を心地よく上機嫌で過ごし続けること**です。楽しく仕事をしたり、やるべきことに前向きに取り組んだり、大好きな映画を観たり、お気に入りの入浴剤でバスタイムを満喫して「気持ちいい！」と感じたり……。

そんな風に過ごしていたら、願いはいつの間にか自動的に叶ってしまうものなのです。

つまり現実化は忘れた頃にやってきます。だから未来のためにも“今”を楽しんでください。

「今を楽しむ」とは「好きなこと」に没頭したり、身体を整えたりすること、ともいえます。この身体の整え方については、次の上級編でくわしくお伝えしますね。

29

quantum
mechanics

意識を現実化させるコツ④

人のせいにしない、人生を人に委ねない

あなたはこんな思い込みを、ついやっちゃってはいませんか。「あいつのせいで」「誰かがやってくれなかったからうまくいかなかった」。いわゆる他責思考というやつです。

この「人のせいにする癖」を量子力学的にいうと**「自分で自分の世界を創造する力を自ら放棄していること」**になってしまいます。だから人のせいにはしないほうがいいのです。

物理的な表現をすると、あなたの意識が素粒子たちの波束の収縮を起こして、物質化、現実化をさせています。

そう、常にいつだって、**まずはあなたの意識ありき。**ぜーんぶ自分で決めているし、これから先も決められます。ですが、何かを人のせいにした場合。物理的な仕組みと矛盾してしまうのです。

現実の選択肢を自分で選んで自分で創っているはずなのに、他の人のせいにするというのは、おかしいわけです。まったく理に適っていないし、しかも一番重要なところを無視しているから、何をやってもうまくいかなくなってしまいます。

だから「人のせいにはしない」ことが大事なのです。

あなたの**人生の操縦席**には、ちゃあんとあなたが座るのだっ。

“他人軸”は自然の摂理に合っていない

日々いろんなことが起こりますから、それを誰かのせいにしたくなることだって、もちろんあるでしょう。でも**人のせいにする**

という姿勢は“究極の他人軸”になりかねません。

あなたの意識があなたの現実を創っているのに、**その意識を現実の中の誰かに合わせたり、誰かの意識に委ねちゃうのが「人のせいにする」ということ。**それは**究極の“他人軸”**だといえます。

つまり自分の世界なのに、わざわざ他の誰かに、自分の主権を渡してしまう。それって**もったいない**ことですよね。自分の力をもっと正当に、もっと正確に認識してほしいと思います。

そして、すべてを創り出し、宇宙さえもその手中に収めているその力を、他人に渡さず、**あなた自身がたっぷり使いたおしてほしい**のです。逆説的に聞こえるかもしれませんが、じつはそのほうがあなたも、ほかの人も、周りのみんなも結局幸せになれますよ。

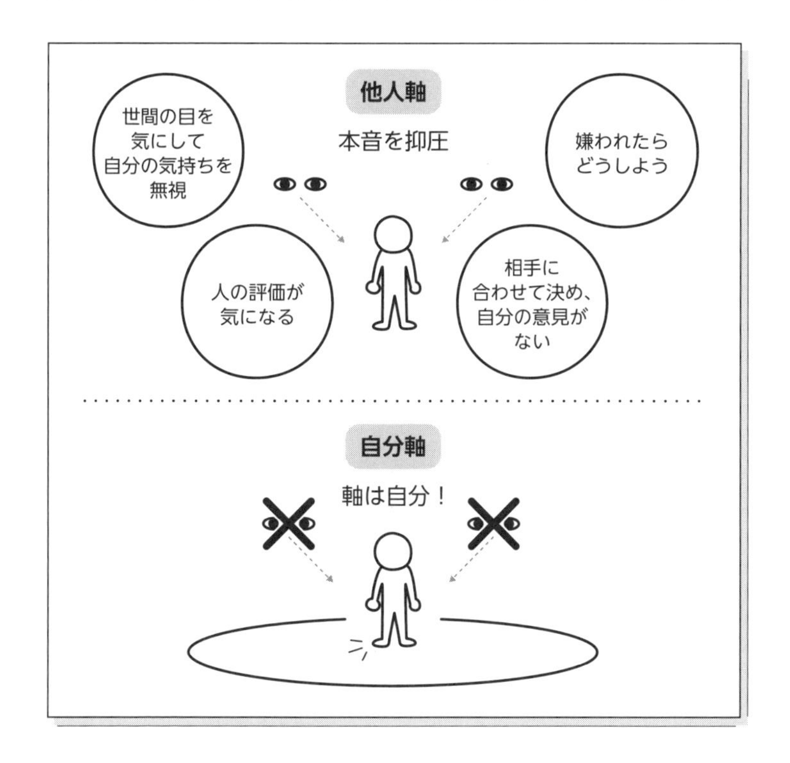

30

quantum
mechanics

最短ルート選択の法則①

植物が超効率よく光合成できる理由

意識を現実化させようとしても、大きな願いが叶うまでには時間がかかるかもしれません。しかしそのような“タイムラグ”が生じるのはよくあることです。

大切なのは、前にもお伝えしたように“タイムラグの時期”を**心地よく上機嫌で過ごし続けること**です。そして今からご紹介する**「最短ルート選択の法則」**という量子力学の大原則を思い出してください。そして**「今はただの“途中”なりぃ」**と唱えてみてください。

これは量子力学的なエビデンスに基づいた、まこちん流のアファメーションです。ポジティブな自分への言葉がけで、潜在意識を変える方法です。もう無意識に口をついて出るくらい、何度も唱えてください（笑）。

なぜ「今がただの“途中”」なのか。理由は明快です。もしあなたが一度ちゃんと決めたのなら、すべてはただの“途中”だからです。すべては実現までの“道のり”にすぎません。ですからその“過程”を不安がらずにしっかりと楽しんでください。「やっぱり叶うわけなんてない」とやめないでください。たった一瞬を切りとって判断しないでください。

もちろん、あなたの身の上には日々いろんなことが起こるでしょう。ちょっと疲れて“大きな目標”とは程遠いことに熱中したくなるかもしれません。調子のいい日もそうでない日もあるでしょうから、疑い深くなる瞬間だって訪れるはず。「意識の現実化なんて本当にあるの？」って。
それに極端な話「意識の現実化」「目標の実現」とは真逆に進んでいるように思える時期すらやってくるかもしれませんね。

でも「今はただの“途中”なりぃ」。どうせどっちみちもうそっちに向かっているので安心してください。一度行き先を決めたらそこに最短ルートで進むようになっていますから。
これには量子力学的な、強力な証拠が存在します。

「全ルートを仮押さえ」という荒業

今まで見てきた通り、この世のすべてをつくっている素粒子は、不思議な特徴をいくつも持っていましたね。そのうちのひとつ、**「量子重ね合わせ」**を思い出してください。これは超訳すると**「1つの素粒子なのに複数の場所に同時にいられる」**という面白すぎる“特技”でした。素粒子はこの特技を活かして、最短ルートを突き止めることができるんです。

行き先や目標がはっきりしているとき。素粒子はそこに着くまでの複数のルート（＝可能性）を「量子重ね合わせ」の性質を活かして、ぜんぶ同時に一気に押さえます。そして、その中から、最短だったルートだけを最終的に選択し、まるでそこだけを通ってきたような顔をしてすんなり到着しちゃうのです。
だからあなたが「好きなこと」や「やりたいこと」に基づいて進む方向をいったん決めれば、素粒子たちが勝手に最短ルートを選んで、そこまで連れてってくれるんです。つまり**決めたら勝手に進む**ということです。
もちろん、現実化に最低限必要な行動は、ちゃんと積み重ねてくださいね。

手順でいうと①行き先を決める。そして②「現実化のためには絶対コレは必要だろう」という直感に従い行動する。そして③あとはどうせ着くから堂々としている。それだけでいいのです。

・あなたの意識が現実を創る
・他人の意識に任せない
(人生のハンドルを委ねない)

エネルギーの変換効率が優秀過ぎる理由

「その話、ホントなの？」と疑う方がいるかもしれませんので、最新の研究結果もご紹介しておきましょう。

植物の光合成でも、この「量子重ね合わせ」の性質が利用されていることが明らかになっています。

理科の授業を思い出してください。植物は、太陽の光のエネルギーを用いて、二酸化炭素と水からでんぷんなどの有機物を作り出しています。その営みを光合成と呼びます。

じつはこの光合成による光エネルギーの利用効率は極めて高くて、人間の技術では真似ができないそうなんです。

光合成が行われる葉緑体の中では、光エネルギーによって電子の放出が起こり、その後の複雑な化学反応に使われています。その光から電子へのエネルギー変換効率は**9割以上**。要は「エネルギー効率が超いい」わけです。僕ら人間界の例とくらべてみると、そのすごさがよくわかります。

たとえば、発電や車の動力などは、どれだけ高効率のものをつくっても**「5%が限界」**というのが通説です（諸説あり）。つまり人間が、エネルギー効率を一生懸命高めようとしても、植物の光合成には適いっこない。というか普通に考えると「9割以上って、なんか異常値じゃない？」とツッコみたくなるほどの優秀さですよね。そして、植物のエネルギーの高い変換効率を実現するために貢献しているのが、「量子重ね合わせ」というわけです。

エネルギーを伝えるルートも重ね合わせ

2010年、カナダのトロント大学のグレゴリー・ショールズ教授の研究チームが「光合成に量子力学的な効果が利用されている証拠を確認した」と発表しました。

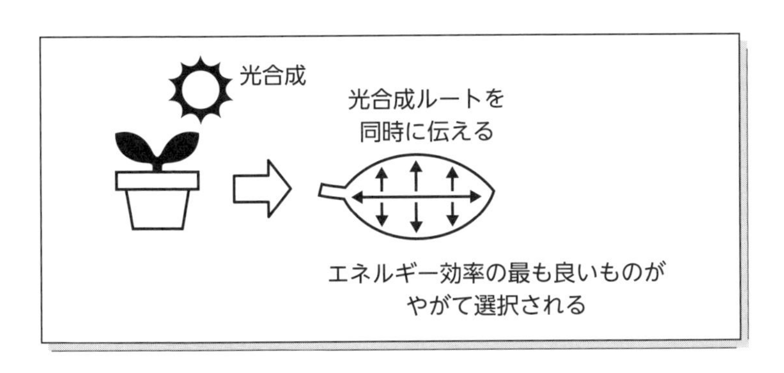

うんとわかりやすく説明してみましょう。

葉緑体の中では、光をキャッチするアンテナ的な「集光タンパク質」から、主な化学反応を担うパーツへと（集めた光の）エネルギーを伝える構造になっています。それには、当然いくつものルートが存在します。

「いったいどういう順番（ルート）で光は伝達されているのだろう」と不思議に感じますよね。エネルギーは、なんと「重ね合わせ」の性質によって、別々のルートを同時に、そして瞬時に、伝えられていたのです！

同時に出発したとしても、やがてある時点で、全ルート中“最速のルート”がわかっちゃいますよね。するとエネルギーは最終的に「その最短ルートだけ」を選び、まるで**「そこだけを通ってきたんですよ」**というような顔をしてスピーディーに到着するそうです。

賢いというかスマートというか、とてもかっこいいでしょう？さすが素粒子です。

動物にも量子力学的な力は備わっている

ちなみにこの実験で用いられた**「集光タンパク質」**は**「PC645」**というタンパク質です。先行する実験により「PC645」の性質がくわしくわかっていたため、実験では1000兆分の1秒のレーザーパルスをPC645内の個々の分子に当てることができたそうです。……といっても、この話は難しすぎますよね。

要は「最短ルートを突き止めるのが得意」という素粒子の性質は、オカルトでもスピリチュアルでもないということ。マジもんの世界的な研究者の方々が、超ハイテクでガチな実験の結果、明らかにしてくれた、ということです。

このような量子力学的な営みは、生物界の他の領域でも多々観察されています。有名な例としては、地球の磁場を頼りに飛ぶ**渡り鳥**に備わっている**「コンパス細胞」**でしょう。他に嗅覚や脳の働きなどにも、量子力学的な現象が作用している例はあるはず、と科学者たちは見ています。

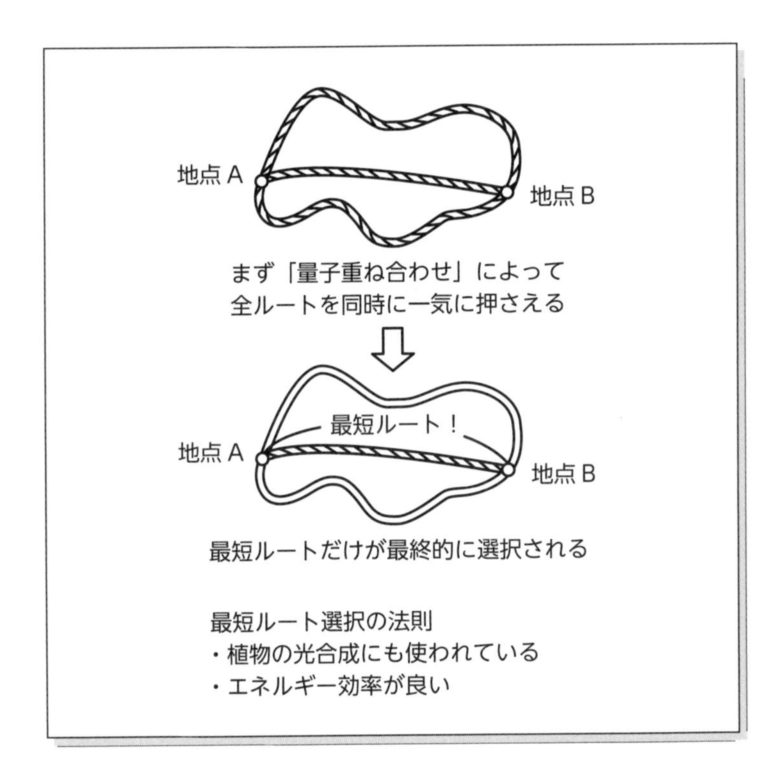

31
quantum mechanics

最短ルート選択の法則②

自然界って量子コンピュータ並みにスゴい

植物が高効率でエネルギーを変換できるのは、素粒子の「量子重ね合わせ」のおかげです（104ページ）。この不思議な現象は、次のような例でも説明ができます。

「——通勤時間帯に自宅に車で帰る際に3つのルートがあるとする。どのルートが最短かわからない。でも量子力学的なメカニズムでは、この3ルートを同時にとることができる。最短ルートがわかった途端、重ね合わせになっている素粒子たちは、その1つの最短ルートに波束収縮するため、最速で帰宅できる」

この「量子重ね合わせ」の性質は、**「巡回セールスマン問題」**という量子力学界の超有名なトピックにもつながっています。
「巡回セールスマン問題」とは、複数の地点を巡る最短経路を求める「組合せ最適化」の問題です。
配送業の運転手さんが、複数の地点を1回ずつ訪問して戻ってくるとき、最短ルートを見つけましょうという問いです。
「そんなの簡単そう！」と思うでしょう？ ですが訪問する地点の数が増えると組合せの数が爆発的に増えるため、現実的な時間で最適解を求めることが難しくなるんです。

たとえば訪問先が5地点なら、すべての経路の組合せの数は**5!=120 通り**です（**「5!」**とは**「1×2×3×4×5」**という意味の計算式です）。この中には同じ経路を逆順にしたものも含まれています。

まあこのレベルまでなら、僕らでも電卓を使えば、なんとか計算はできそうです。

でも訪問先が30地点に増えるとどうなるかご存知ですか。組合せの数は**「2.7×10^{32}」**通りとなってしまいます。ですから世界トップレベルのスーパーコンピュータ（スパコン）「富岳」を使っても、すべての組合せを計算して最適解を求めるには**約1900万年**もかかるのです。

スパコンより量子コンピュータがスゴいワケ

この「巡回セールスマン問題」は、現在非常に難しい問題とされています。

ですが量子コンピュータを使えば「重ね合わせ」状態を作り出すことで**超並列計算**ができるので、より速く解けるのではないかと期待されているんです。

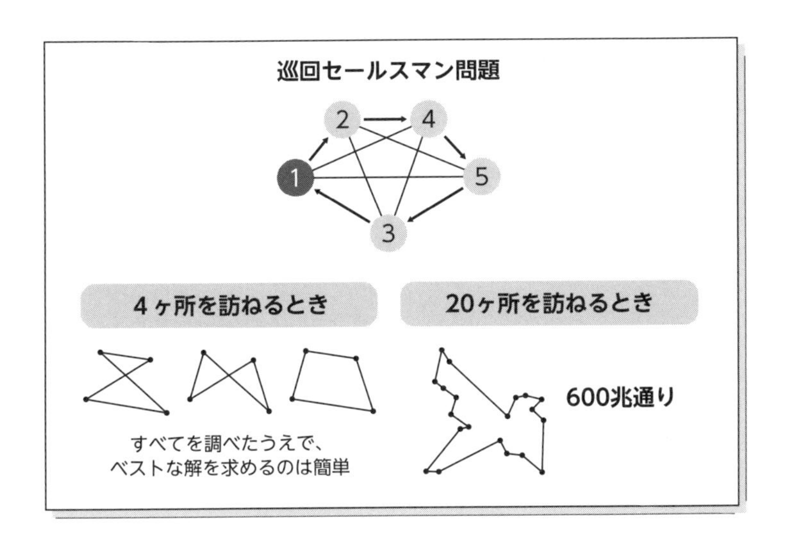

もちろん今はまだ「誰でも量子コンピュータを扱える時代」ではありません。大きな研究施設に数えるほどしか存在していないからです。

でも、前に見たように光合成をしている植物の中では、最短ルートがまるで量子コンピュータのように上手に計算されているわけでしょう？（137ページ）。僕ら人間が開発した量子コンピュータは「設備」「装置」という形容がぴったりの巨大さなのに…（量子コンピュータについては次の章でくわしくお話しいたしますね）。

気が遠くなるような話ですが、自然はやはり素晴らしいですね。

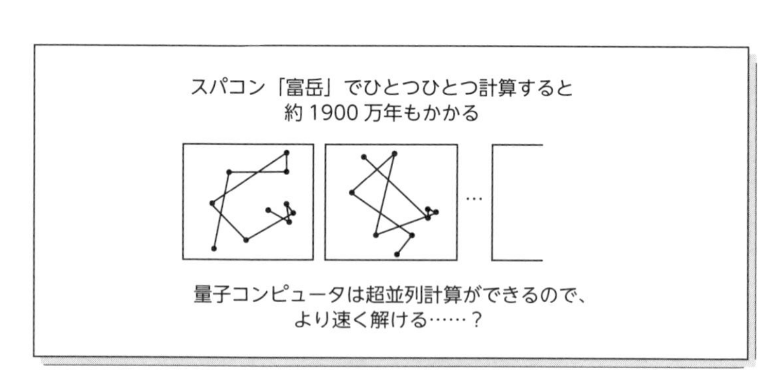

ヨーロッパコマドリも量子力学を駆使

自然界には他にも、量子力学の素晴らしい使い手がたくさんいます。たとえば「ヨーロッパコマドリ」という渡り鳥をご存知でしょうか。この鳥が、どうやら量子力学をばっちり使っているみたいなのです。

渡り鳥も**「量子コンピューティング」**をしているとは驚きですよね。

ヨーロッパコマドリは渡り鳥ですから年に何回か飛んで大移動

します。すごいことに毎年必ず場所を間違えずに、ぴったんこでやってきます。何回通っても道を間違えちゃう人だっているのに(笑)、なぜそんなことが可能なのでしょうか。

この渡り鳥たちは地球の磁場の方向を感知して、それを頼りに移動しています。どうやら目、つまり視覚を使って磁場の情報を感知するのですが、そのときに**「クリプトクロム」**という特殊なタンパク質が使われます。

光子が目から入ってこのクリプトクロムにぶつかると、量子もつれの状態で存在する複数の電子にエネルギーが供給され、目の中で「同時」に様々な化学反応が起こります。その**たくさんの化学反応が、地球の磁場を光と影のパターンに変換している**ようです。渡り鳥はそれを立体の地図のように認識しながら、間違うことなく飛んでいくというわけです。

量子もつれになってる電子で「同時」に化学反応が起こるから短時間で、しかも正確に答えが出ているのでしょう。

この分だと、僕たち人間が当たり前だと思っている能力の中にも、量子力学を使っているものがあるかもしれませんね。

32
quantum mechanics

最短ルート選択の法則③

素粒子が最短ルートで運んでくれる

「めっちゃ頑張ってるのにどーにもならん！」
「これだけは守りたかったのに、やっぱり手放さなきゃいけない」
「大事なものが崩壊した」
「無理を続けていたら、やっぱり病気になっちゃった！」

こんな“超不幸としか思えない出来事”に突然見舞われたことってありませんか？ 僕はそれを**「強制終了」**と呼んでいます。その定義は「やっていることや進んでいる道、そして今までの生き方が、まるでいきなりシャットダウンされてしまったかのようにいきなり終了してしまうこと」です。

強制終了を突然くらうこと。僕はめっちゃありましたよ。なんなら超ド級の“強制終了”をいくつも経験してきました。それらについては、話せるときが来たらお話ししますね。ここでは明かせることだけ、あなたにこっそりお伝えします。

会社が強制終了されたのはラッキーだった！

僕が体験した数多くの強制終了のうち、僕史上最大のものは**「17年間経営してきた会社を倒産させたこと」**でしょう。事業がうまく回らなくなってきて、「倒産させないとヤバい」から、会社をなくす決断をしたのです。

「倒産だなんて、まこちんも悲しい目に遭ったんですね」
そう捉えて気遣ってくれる優しい方もいらっしゃいます。たしかに「倒産させた」と聞くと「大変そう」「不幸でしたね」と見る人がほとんどでしょう。
でもね、それって“ほんの一面から見たときの不幸”であって、長い人生の中で見ると“不幸”とはいえないんです。なんなら“ラッキー”だったかもしれません。つまり僕は**“倒産”させて大正解**だったのです！

こう書くと、なんだか負け惜しみのように聞こえるかもしれません（笑）。でも本当の話です。

常識的な見方をすると「倒産＝大変そう」「倒産＝かわいそう」etc…。
でも冷静に考えてみてください。“倒産”って、何かの罪を犯したわけじゃありません。法的に見て悪いことでもありません。
またこれは一般論になりますが（よほどのことがない限り）「会社が抱えている借金（支払うべきお金）」を経営陣が肩代わりする義務はありません。だから、倒産したからといってその会社の経営陣が膨大な借金を負うわけでもありません。つまり、後ろ指を指されるようなことではまったくない。
だから会社はいったん倒産させたあと、再起をかけて、再生（更生）させてもいいくらいです。

だから、あなたと会えたんです

そもそも僕が「倒産させるしかない」と決心したのは、**財布の中の所持金が1000円を切ったとき**でした。「人生詰んだ」「これはもう絶対、会社を畳むしかない」自分でそう決めたからこそ、残念な気持ちはあったものの、テキパキと倒産に向けた行動ができました。
その結果、数年という時間はかかりましたが、量子力学にまつわる情報を発信したり、広めたりする活動で身を立てられるようになりました。こうして、あなたに本を通して出会うこともできました。つまり「本当にやりたいこと」だけで生きていけるようになったわけですから、会社を倒産させたことは大正解だったわけです。

もし「細々と続けよう」なんてそれまでの事業と量子力学の両方を追いかけていたら、両方とも失敗していたかもしれません。
だから、まこちん流にいうと「強制終了」は、**宇宙からの最高のギフト**なんです。

また、強制終了ののちに自分が望む方向に舵を切って成功した人を、何人も知っています。僕の生徒さんの中にも、数多い。だから「強制終了」はある意味“必要悪”なのです。

まるでサーフィンのように乗っかれ!

もちろん、その渦中にあるときはほんっっっとに大変です。だって近くの人が離れていったり、環境が激変したり、一時的にやらなきゃいけないことが増えたり、体力を使い果たしたり……。
でも「強制終了」がやってきたあとは、超絶スーパースピードで人生が急に開けていきます。

もっというと「強制終了」とはある意味、自分自身の潜在意識が引き起こしていることともいえます。**「本来の自分が進むべき方向とはズレてるよ」**と警告するために、「厄災」っぽいことが起こるのです。
だから強制終了でそれを急に終わらせることができるとその後

は流れにまかせていたら本来の自分の生き方に自然とハマっていきます。

だから強制終了は決して悪いことじゃありません。むしろ今の地点から最短最速で好転するための**最高の切り替えポイント**になるんです。

あなたも「強制終了」の予兆を感じたら、それに“乗っかる”のがいいでしょう。

抗わずに受け入れるほうがいいでしょう。

実際「強制終了が起こらないように」しようと無理に抵抗すればするほど、摩擦がより強くなっていったりします。

だから、一見「つらそう」に感じるかもしれないけれど、激変する状況との調和を願いながら、受け止めるのが正解です。「本当のあなた」を生きるための光はもうすぐそこまで来ていますから、もう少しの我慢です。むしろその苦難を笑って楽しむことができれば理想的です。

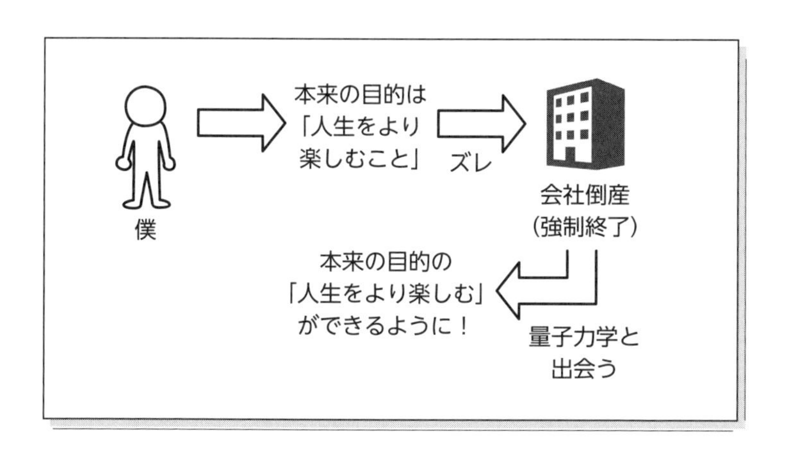

そもそも強制終了って素粒子の仕業なんです

僕の経験を振り返ると、強制終了が来る度に毎回毎回驚かされて、もうどうにもならなくて**「笑うしかない」**という状況でした。「ぶわははは〜。うふふふ〜」とよく笑っていたものです。どんなに苦しくても、笑うことならできるでしょう？

しかしそれらを思い返すと、ちゃあんと起きるべきときに起きて、結局それが最善で、そのあと人生が大きく変わっています。

ですから人はいったん次のように決めるとほぼほぼ自動運転なみにそこに行くようになっているんです。

「自分はこうする」
「自分はこうなる」
「自分はあの体験をする」
「自分はあそこに行く」
「自分は◯◯な人生にする」etc…。

まあもちろんやってくるヒントに従った行動は必要です。でもそれさえやっていれば最短で最速のルートで運ばれていきます。

それは前にも見た通り、素粒子の**「量子重ね合わせ」**（104ページ）の作用によるものです。

最短最速だからこそ、ちょっと“荒っぽく”思えるときもあります。でもそれは仕方がありません。荒っぽいからこそ、その勢いで人生が激変します。

もし強制終了に突然見舞われたら。あなたは驚いてもいいけどビビらないことです。

ショックは受けてもいいけど、立ち止まらないことです。本当に大きく前に進んでいますから。

そして今、まさに「強制終了にあっている」という人がいたら「むしろラッキー」と捉え方を変えるようおすすめします。**「むしろチャンス！」**って。

もしこの理論を知らないと、落ち込んだり、なかなか抜け出せなくなるでしょう？ だからやっぱり、「知っておくこと」って重要なんです。

事前に知識を蓄えておくだけで助かったり、ダメージを和らげたりすることができますよ。

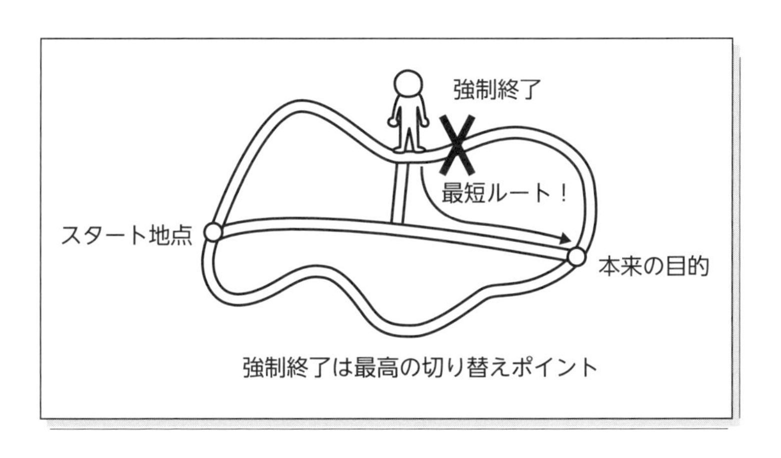

33
quantum mechanics

「不確定性原理」は人の本質

どうせあいまいで自由。好きに生きろ！

「最短ルート選択の法則」の次は「不確定性原理」という重要な原理についてお話しします。

量子力学はミクロの世界の物理学なので、素粒子などの小さな小さな物質を観察することから始まります。で、この“観察”なのですがじつはとっても不思議で、とってもオモロ〜なことになります。この世界を構成しているミクロの世界の物質は「ありのままの状態」を、じつは観察することができないのです。このような衝撃的な原則を**「不確定性原理」**といいます。ヴェルナー・ハイゼンベルク（17ページ）というドイツの物理学者が提唱しました。

この原理を一言でいうと、**素粒子の位置と速度を同時に正確には測れない**ということ。つまり、どんなときも素粒子の居場所をはっきりとは確定できないのです。それは「技術力が足りない」「計測機器の精度が悪い」などという問題のせいではありません。

理由は残念ながら不明なのですが……。位置を正確に計測すると速度がちゃんと測れなくなるし、速度を正確に計測すると今度は位置がちゃんと測れなくなるのです。

場所か速度か、一方しか把握できない

たとえばあなたが車に乗ってカーナビを作動させたとしましょう。カーナビはあなたの車が今いる場所と「どのくらいの速度で

走っているか」を正解に把握して表示してくれますよね。だってそうでなかったらカーナビの意味をなさないから。ところが素粒子には、そんな常識が通用しないのです。
　今いる場所を正確に割り出すと途端に速度がまったくわからなくなるし、逆に速度を正確に測定すると途端に位置がまったくわからなくなるのです。不思議でしょう。でもこれこそ、素粒子が持っている本質的な性質です。

「位置を確定できない」だなんて、場合によっては実在すらあやうくなりますよね。でもそれをポジティブにいい換えると「自由」ともいえます。
　つまり素粒子たちは自由でいいかげん（笑）。
　このように、素粒子たちについて突き詰めて探っていくと本当に**あいまいで、自由で、いいかげんな存在**なのです。「いいかげん」というのは「必ずしも予想通りには動かない」というくらいの意味です。

　そして僕たち人間も素粒子からできています。あいまいで、自由で、いいかげんな素粒子からできている。だからやっぱりあいまいで、自由で、いいかげんなはずなんです。

「あいまい、ゆるゆる、うっほ〜い‼」

　でも思い出してみてください。僕らは幼い頃から「あいまいで、自由で、いいかげん」とは逆の生き方がいい、と教わってきませんでしたか？ 四角四面な決まりやルールに従ったり、お行儀やマナーを守ろうとしたり、努力し続けることを目指したりしてきませんでしたか？
　でも……。誤解を恐れずにいうと、「それって本来の姿ではないかもなぁ」と思うのです。

だって僕らはあいまいで、自由でいいかげんな素粒子からできているわけですから、きちんと、しっかり、立派にふるまっていたら理に適わないでしょう。

本来の僕らは、おおもとの素粒子にならって、もっとあいまいで、自由で、いいかげんでいいんじゃないでしょうか（とはいえ学校の教室にいるときや職場で働いているときなどは別かもしれませんね。公共の場では、ムリのない範囲できちんと、しっかりとふるまいましょう……）。

「あいまいで、自由で、いいかげん」をまこちん流に形容すると**「あいまい、ゆるゆる、うっほ〜い!!」**（笑）。

このほうが生きやすいし、このほうが「自分が理想とする世界線（パラレルワールド）」に同調しやすいはず。

さあ、あなたもご一緒に。あいまい。ゆるゆる。うっほ〜い!!

とはいえ僕だって、最初からこんな量子力学的なノリで生きられていたわけじゃありません。

じつは「いい加減な自分」にちょっと落ち込むときもありました。自分で自分に「いい加減すぎだろ」とか「大丈夫かよ〜」とか、セルフつっこみしたくなることもありました。まあほんとちょっとですけどね。でも今はそれでよかったと思っています。ぶわははは〜!!

大事なのは**「すべては完全ぽく見えるけれども、本質的に見るとじつはそうじゃない」**と知っておくことです。このリアルな3次元の世界は、物質としてはまあまあ安定しているので「わりと完全」に見えるかもしれません。でもおおもとのミクロの世界まで見に行くと、そんなことはありませんから。

「不確定性原理」が支配しているから、素粒子たちは居場所を探っても動きを探ってもあいまい。
　その存在すらもゆらいでいてはっきり定まらない。その動きすら予測できないわけですから。

「不完全」もまた個性

　もしあなたが疲れたり、しんどくなったりしたときは、このフレーズを唱えてみてください。きっとラクになって、笑えるようになってきますから。
「不完全さこそが個性なりぃ〜」

　世界は、完全に整ってはいません。おかしなところも、汚いところも、ゆがんだところも存在しています。でもそれでいいんです。それが、この世界の真の姿。“完全”を求めすぎたら、僕らは仕組み上、苦しくなってしまいます。
　世界が完全でないのは、当たり前のこと。
　僕らが不完全なのも、当然です。みんなが持っているそれぞれの不完全さ。それがいわゆる**“個性”**になるわけです。

　そもそも人はみーんな違います。したがって、不完全さだってそれぞれみんな違うわけです。そこが魅力であり特徴だったりするわけです。場合によっては、その“不完全さ”という個性がビジネスチャンスになったりもします。それは“悪”なんかじゃありません。だからむしろ**「不完全さ、ばんざーい！」**なんです。

未来予測なんてもっとムリ

　また、僕ら自体がそんな不確定で不完全な存在なのですから、未来の予測なんてできるわけがありません。あいまいすぎて意味がありません。

とある物理学者が“今”を基準にして過去と未来の因果関係を調べたところ、なんと**0%**だったそうです。「0%」って！

つまり現在だけでなく、過去にあったことや、過去にやっちゃったことから未来を予測するのもまた、不可能なのです。

だから「予測」に意味などないのです。あるのは「選択」だけ。

“過去”にも“今”にもとらわれず、まっさらな気持ちで選択することが、未来の確率を変えます。

これは物理的にしっかり証明されていること。予測してやきもきしている時間があったらさっさと選択しちゃったほうがよっぽどいいわけです。

「あいまい、ゆるゆる、うっほ〜い!!」

そんなマインドで“今”を心地よく上機嫌で過ごし続けていきましょう。

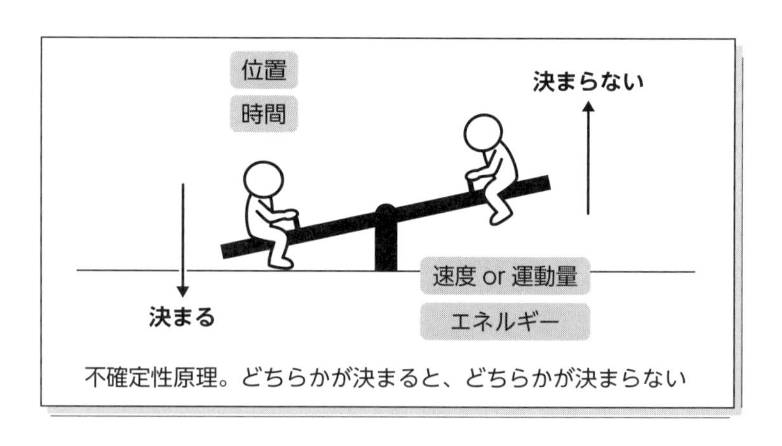

不確定性原理。どちらかが決まると、どちらかが決まらない

位置が決まれば速度が決まらず、速度が決まれば位置が決まらなくなるのです。

このような関係を、物理学では「不確定性関係」といいます。

そして速度とは位置を時間で割ったものなので、これは、時間と位置との不可解な関係ともいえるのです。このなんともへんてこな、シーソーのような関係のおかげで、素粒子は同時刻にいろいろな場所に存在することができてしまうのです。不思議に感じられますよね！

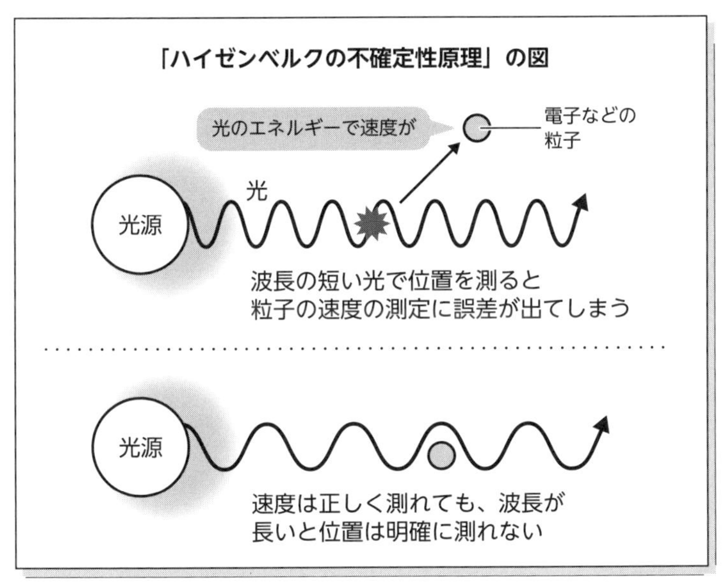

34

quantum mechanics

宇宙誕生と「不確定性原理」

今の宇宙があるのは「量子ゆらぎ」のおかげ

「位置と速度を同時に正確に測れない」。こんな素粒子の性質「不確定性原理」を知って「それは困るなぁ」と感じた人がいるかもしれません。でもこの不確定性原理って、とっても大事なんです。僕たちが住んでいる宇宙が今のような姿で存在できているのは、この原理のおかげといっても過言じゃありません。

そもそも宇宙は、どんな始まり方をしたのか。理解を深めてもらうため、その起源からお話ししていきます。

宇宙は“静的”vs“動的”

現代の宇宙論の土台となっているのは、**アインシュタイン**が唱えた「相対性理論」です。「相対性理論」は科学者に宇宙全体を探る理論を提供した、とされています。

そんな偉大なアインシュタインは、**「宇宙に始まりはない」**と唱えていました。「永遠の過去から永遠の未来まで、宇宙は大きさを変えずに存在していたはず」、つまり**「宇宙は永遠不変で静的」**というのが彼の宇宙観です。

しかし1929年に衝撃的な事実が明らかになります。アメリカの天文学者**エドウィン・ハッブル**の天文観測によって、**宇宙が膨張している**事実が明らかになったのです。これは非常に大きな発見でした。

彼は当時世界最大だった望遠鏡を用いて“僕らの銀河系の外の

銀河”の研究をしていました。その過程で「銀河のすべてが僕らから遠ざかるような運動をしていること」「その速さが、僕らとその銀河までの距離に比例していること」などを突き止めます(ハッブルの法則)。

つまり宇宙は、アインシュタインが唱えたように永遠不変で静的なものではなく、**「動的」**な存在だったのです！

すんなり受け入れられなかった「ビッグバン」

その後も宇宙の始まりについての議論は進みます。ウクライナ生まれでアメリカで活躍した物理学者、**ジョージ・ガモフ**は1946～48年にかけて**「ビッグバン宇宙論」**を提唱します。

宇宙がもし膨張しているのなら、それは過去に「とても小さな領域に物質が集中していた」ということになるでしょう。それをとことん突き詰めると**「初期の宇宙は非常に高密度で、高温な小さな火の玉状態だった」**ともいえるはず……。これが、ビッグバン理論の主旨です。

今では「ビッグバン」(BIGBANG) といえば韓国アーティストのグループ名として採用されるほど親しまれている言葉ですし、多くの人がその意味を「なんとなく」理解していますよね。でも当時の研究者らには、なかなか受け入れられていませんでした。それと相反する説、**「定常宇宙論」**が主流だったからです。

「宇宙は膨張しているが、宇宙が膨張して薄まった密度を補うように物質が供給され、宇宙全体としては永遠不変である」

こう唱える学者たちが幅をきかせていたんです。その後、「定常宇宙論」には誤っている点が見つかり、廃れていきました。

宇宙は一瞬で急膨張した⁉

そして1981年、宇宙物理学者の**佐藤勝彦**先生（69ページ）が「インフレーション（膨張）理論」を発表されました。これは「ビッグバン以前」にまで焦点を当てた考え方です。

宇宙誕生直後の"ほんのわずかな一瞬"に、極小だった宇宙が急膨張し、その際に放出された熱エネルギーがビッグバンの火の玉になったのだという説です（アメリカの宇宙物理学者、アラン・グース博士が、ほぼ同時期に同じような理論を提唱しています）。

まこちん流に超訳すると、初の**「赤ちゃん宇宙」**、つまりちっちゃな**「点」**（**初期特異点**ともいいます）が急激に膨張し、それがビッグバンを引き起こしたのだと形容できます。"ほんのわずかな一瞬"っていったいどれくらいかというと、宇宙の誕生直後、**約10^{-36}秒後から10^{-34}秒後までのあいだ**です。

これってなかなかイメージできませんよね。噛み砕いて書くと……。宇宙創成直後の「10のマイナス36乗秒後」に始まって「10のマイナス34乗秒後」に終了した、つまり、1秒の1兆分の1をさらに1兆分の1にして、またさらに10億分の1以下にしたということです。……すみません、まだわかりにくいですよね。要は**「光の速度を超えるとんでもない速さ」**ってことです（笑）。

そしてその膨張の規模については……。

「光以上の速さで、**ほんの小さな砂粒**が、**今の銀河系ほど**に一気に拡大した」「光以上の速さで、**シャンパンの小さな泡1粒**が、**太陽系以上の大きさ**になるほど一気に拡大した」

よくこんな比喩で形容されています。なんだか詩的ですよね。こう書くと、インフレーションの凄まじさをなんとなくイメージしていただけたんじゃないでしょうか（そもそも「インフレーション」と命名されたのは宇宙の急膨張を、物価の急上昇の激しさになぞらえたわけです)。ただ、現在、ジェームズウェッブ宇宙望遠鏡の打ち上げによって得られたデータと研究によりビッグバン理論自体が危うくなってきているという見方もあります。

「量子ゆらぎ」に満ちている宇宙

さらに興味深いのは、このインフレーションの時期に、さまざまな素粒子などが生まれては消えていく**「量子ゆらぎ」**という現象が、宇宙のいたるところで起こっていたことです。
「量子ゆらぎ」とは、「不確定性原理」を使ってよく説明される概念です。「位置と速度を同時に正確に測れない状態ではあるけれども、たしかに存在している」という状態を指します。「居場所は確定できませんが、なんとなくゆらぎながらそこにいる」と捉えてください(笑)。

この「量子ゆらぎ」が核となって、長い長い時間をかけて星がつくられていきました。
最新の理論では「量子ゆらぎ」に**ダークマター**(暗黒物質/58ページ)が集まり、その集まったダークマターの重力に引き寄せられるように普通の物質(素粒子)が集まって星ができたとされています。星がたくさんつくられると、やがてそれらは銀河を形成します。だから**「量子ゆらぎ」は万物のもと。**宇宙の形成に必須なのです。

不確定性原理よ、ありがとう!!

踏み込んでいうと……。位置と速度を同時に正確に測れないほど不確定で自由な素粒子の性質、「不確定性原理」があったからこそ、宇宙はこんなにビッグで豊かになれた。そう表現できるのです。「不確定性原理」って尊すぎませんか!?

「量子ゆらぎ」の中には空間のひずみを生み出すものもあったのだとか。それらは急激な膨張とともに**「重力波」**となって、宇宙空間を伝播していったと考えられています。ですから、このときに発生した重力波の存在を証明できれば「インフレーション」の存在を間接的に証明できることになります。

宇宙好きな方は、本書でお伝えした量子力学の知識を武器にして、ぜひとも専門的な学びを深めてください。学問的に密接につながっていますから活かしてくださいね！　ジャンルでいうと「量子宇宙論」「宇宙物理学」などに相当します。

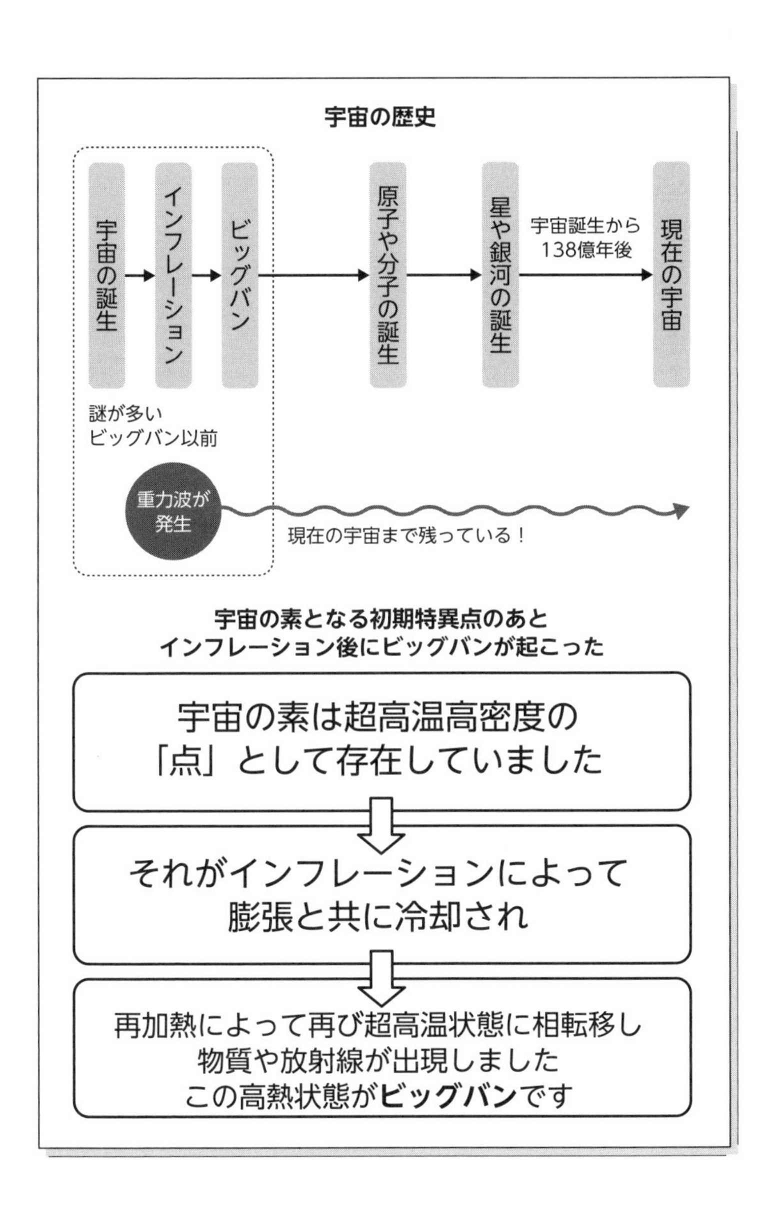
宇宙の歴史
宇宙の誕生
インフレーション
ビッグバン
原子や分子の誕生
星や銀河の誕生
宇宙誕生から
138億年後
現在の宇宙
謎が多い
ビッグバン以前
重力波が
発生
現在の宇宙まで残っている！
宇宙の素となる初期特異点のあと
インフレーション後にビッグバンが起こった
宇宙の素は超高温高密度の
「点」として存在していました
それがインフレーションによって
膨張と共に冷却され
再加熱によって再び超高温状態に相転移し
物質や放射線が出現しました
この高熱状態がビッグバンです

35
quantum mechanics

宇宙と「あなた」の共通点

「ゆらぎ」を活かせば人生思い通り

ここまでで、量子力学を使えば宇宙について考察できるのだとご理解いただけたでしょう。最新の宇宙研究についてもお伝えしておきます。

「宇宙マイクロ波背景放射」という証拠

近年**「インフレーション理論」**の正しさが、観測によって明らかになってきました。「インフレーション理論」とは宇宙誕生直後の"ほんのわずかな一瞬"に、極小だった宇宙が急膨張し、その際に放出された熱エネルギーがビッグバンを後押しした、という理論です。

現在の宇宙には、銀河が多いところと少ないところがあります。そのように「多いところ」と「少ないところ」の**"ムラ"**があるのは、宇宙の初期からムラがあったからだろう、と見られています。そのムラはインフレーションで大きく引き伸ばされ、現在の宇宙でも濃淡として認識できるのだろうと研究者らに分析されています。

今では**「宇宙マイクロ波背景放射」**という電波を観測すると、そのムラを見ることができます。具体的にいうと、宇宙全体の温度の違いに注目して調査をしています。

宇宙はところによって温度の高いところと低いところのムラが

あります。その温度のムラと銀河の分布が一致したら、インフレーション理論の正しさがより証明されることになります。そのための研究や観測が進められています。

ダークマターはまだ未知の存在

こう書くと「宇宙のことって、もうほとんどわかっちゃってるのね」と思われるかもしれません。でも、宇宙全体の地図は、まだ100万個の銀河分布しかとらえていません。特定の方位・角度しか観測できていません。

もっというと星の形成などに関わっているダークマターについては、観測すらされていません。

前にも触れた通り、正体不明の**ダークマター**は全宇宙の**「22%」**を占めています。一方、**僕らが知覚できる物質宇宙**はわずか**「4%」**（58ページ）。また宇宙にはダークマターの数倍もあるダークエネルギーが存在し、それが現在の宇宙を再び加速膨張させています。

宇宙はまだまだ謎に包まれているんですよ。

活気に満ちた、にぎやかな宇宙

さらに興味深いのは「近年、宇宙は**第2のインフレーション**の時代に入った」という指摘があることです。

アメリカ、ヨーロッパ、オーストラリアなどの研究者らによる2つの研究チームが、とある超新星を高精度で観測しました。その結果、「現在の宇宙には**真空のエネルギー**が満ちていて、それによって今、宇宙は加速度的な膨張を始めている」という結論を発表したのです。

真空のエネルギーは（といわれても、なかなかイメージしづらいでしょうが）、空間そのものがもつエネルギーなので、宇宙がいくら膨張してもエネルギー密度は変わらないとされています。一方、物質密度は膨張によって低下し続けます。
もしもこの観測結果を信じる場合、宇宙は再び、真空のエネルギーが宇宙を満たすエネルギーの主役となっており「第2のインフレーション」が始まっているのだそうです。

「宇宙空間＝真空」と聞くと「真空ってことは無の空間？」と連想する人もいるでしょう。でも実際はそんなことはまったくありません。むしろ、めっちゃにぎやかだったりします。
素粒子たちが生まれたり消滅したりを繰り返していて、大渋滞の大混雑。エネルギーに満ちている……。
そんなイメージのほうが現実に近いはず。そう、今も宇宙はゆらいでいるんです。
もっというと、この本を読んでいる今のあなた自身もゆらいでいますよね。だって不確定性原理にバリバリに支配された素粒子の集合体なんですから。

あなたの半分はあの世とつながっている

また素粒子やダークマターなどで満たされた宇宙空間の半分は**「物質」（粒子）**で実体。もう半分は**「波」（エネルギー）**で実体じゃない。
もちろんあなた自身もそうですよね。今この瞬間も、あなたは半分**この世（物質世界）**にいて半分**あの世（エネルギー世界）**にいる。物理的にはそういえるわけです。

このような構造を理解すると、あなたは「見えない世界」（＝あの世）に、ごく当たり前にアクセスできる存在だと思いませんか。だって体の組成からしてそうなのですから。あちらのエネルギー世界にも常に軸足を置いていることになります。

あなたはもともとそういう存在なんだとしっかり認識して、「見えない世界」にもっと働きかけたらいいんです。上手に使っちゃったらいいんです。

だってそこには**「叶う」**も**「できる」**も**「手に入る」**もぜーんぶ揃っているわけですから。

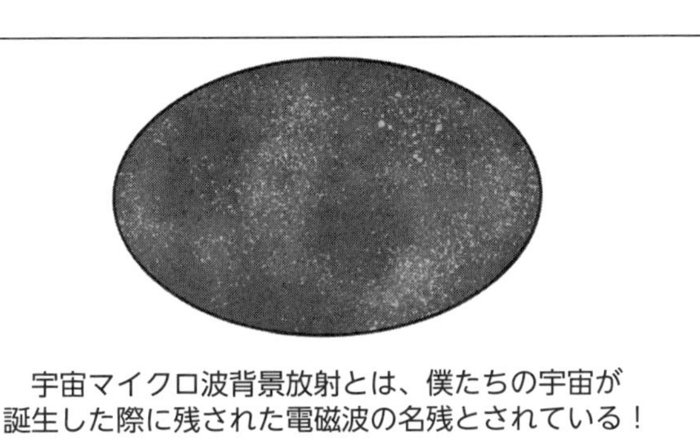

宇宙マイクロ波背景放射のゆらぎ

36 強すぎ！「光速度不変の原理」

quantum mechanics

最速＆速度一定、傍若無人な“光”

「インフレーション理論」(158ページ) のところで、その急膨張の速度を「光の速度を超えるとんでもない速さ」とお伝えしました。せっかくですから掘り下げてお話ししておきますね。光の速度にまつわる話は、量子力学の中でも超スタンダードで人気がありますから。

光というスペシャルな存在

「光って、いったい何？」という議論は昔から続いてきました。そしてアインシュタインが唱えた「光は波でもあるけれど、粒子でもある」という「光量子仮説」が現代の常識となっています。

彼は他にも光の特殊な性質を明らかにしてくれました。

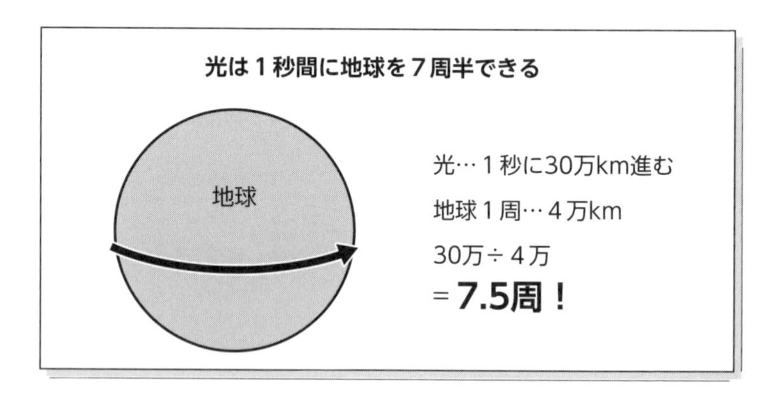

1つ目は、光の速度は、**真空中では秒速約30万kmで、「光より速く進む物質はない」**こと。

2つ目は、万物の中でも**光だけは、自分の速度を絶対に変えないこと**（=**光の速度は、どんな観測者から見ても一定**であること)。これを**「光速度不変の原理」**といいます。

「そんなの初耳！」という人も多いのではないでしょうか。この原理もなかなか衝撃的なのですが、わかりやすくご説明します。

「光速度不変の原理」とは、「止まっている人から見ても、光速に近い速さで移動している人から見ても、光の速さは等しく秒速30万kmで進んでいる」ということです。

光が何かに忖度したりして、速く進んだり、そのスピードを少し落としてくれたり、なんてことは一切ありません。

そもそもアインシュタインは相対性理論の中で「すべてが相対的」と説いています。

彼の主張を超ざっくり説明すると「見ている人の都合で見え方が変わることがある」。これが相対性理論の主旨ですが、**光だけは例外**なんですって。

ちょっと!!　光だけ特別扱いするなんておかしくない（笑）!?

どういうことなのか、実例を挙げてみましょう。

乗り物の速さと光の速さは、まったく別モノ

まず「光以外の物質が進むパターン」を考えてみます。

時速100kmで走る電車を、**時速40kmで（同じ進行方向に）進む観測者（自動車）**から見ると、電車はどれくらいの速さで進んでいるように見えるでしょうか？

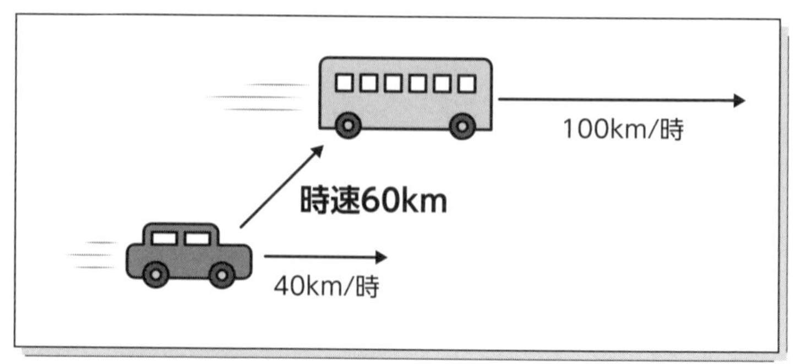

これを計算式に表してみます。

「100km/時−40km/時=60km/時」

つまり電車は**「時速60km」**で走っているように見えます。ここまではすんなり理解できますよね。

次に「光が進むパターン」を見てみます。

宇宙空間を**秒速約30万kmで進む光**があるとします。

それを**秒速5万kmで（同じ進行方向に）進むロケット**から見ると、光はいったいどれくらいの速さで進んでいるように見えると思いますか？

答えは、なんと**「秒速30万km」**。

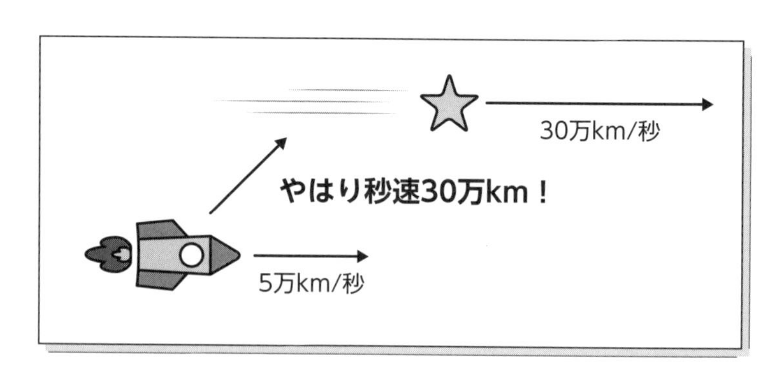

前の電車の例にならうと「30万km/秒-5万km/秒=25万km/秒」っていう計算式を立てたくなるじゃないですか。でもそれじゃダメなんです!!
光の速さはどこでも一定だし、どんな観測者から見ても一定だからです。

これが、「光速度不変の原理」。オモローでしょ。
でもこれ、物理的にちゃんと証明された事実なんです。嘘じゃないですからね。

「ウラシマ効果」って実際どうなの?

さらに一歩進めて考えてみますよ。
「光の速度がどんな観測者から見ても一定」ということを認めてしまうと何が起こるでしょうか。
じつは「光速に近い速度で運動している物体」の時間の進み方が、**相対的に遅れる**ことになります。

例を挙げてみますね。
光速度に近い速さで、ロケットが飛んでいるとします。すると地球にいる人よりも、ロケットの中の時間の進み方のほうが遅くなります。

試算してみましょう。
「光速度に近いロケット」(亜高速)で**7日間の宇宙旅行**に出かけた場合。地球上ではなんと**約200年**の時が過ぎていることになります。つまり「ロケットでちょっとした宇宙旅行に出かけたはず」の人が、まさに「浦島太郎」の状態になってしまうわけです。

このように「光の速さで進む宇宙船に乗った人が、地球に戻っても年をとらないこと」を**「ウラシマ効果」**といいます（SF用語です）。

とはいえ、これはあくまで“思考実験”。まだ現実的な話ではないので安心してください。「光の速さで進む宇宙船」なんて、人類はそもそもつくれませんから！

過去に打ち上げられたロケット（有人機）の速度を見てみると、最速でも**「秒速11.08km」**。これはアメリカのアポロ計画に使用されたサターンVロケットで、現在でも有人の乗り物では最速です（2024年現在）。

一方、光の速さがどうだったかというと**「秒速約30万km」**！

ね、まだまだ余裕で大丈夫でしょ。

ウラシマ効果が現れるには、程遠い“遅さ”だと理解いただけるでしょう。

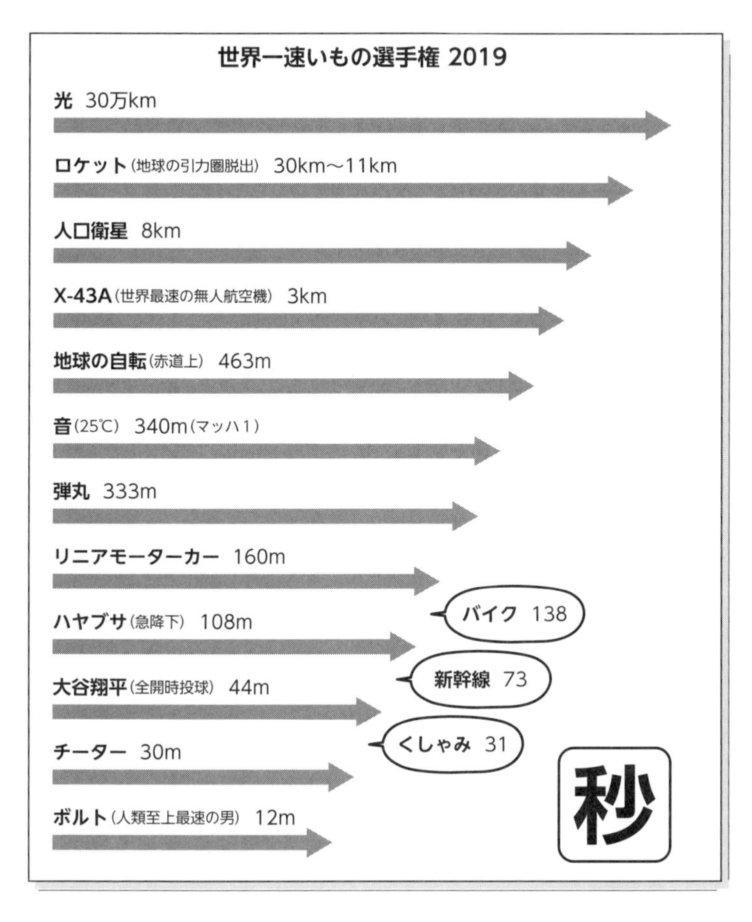

出典「第二の家ブログ」藤沢市の個別指導塾のお話

光の速度を一定に保つため他の要素が忖度!?

より高度な話をしておきましょう。

この宇宙を飛行中の「光速度に近いロケット」を測ると、機体の長さは短くなり、質量は重くなります。つまり「光の速度は不変」でも、大きさや長さは変わるんです。「光の速度を不変に保つために、**辻褄を合わせている**」、そんな見方もあります（激ムズ!!）。

要は光以外の要素が「光速度不変の原理」を成立させるために、忖度している…。そんな構図がうかがえるのです。

あなたの宇宙を、もっと楽しく！

じゃあこの「光速度不変の原理」を自分の人生にどう活かせばいいかというと…。

「観測者の見方によって、物事が起こる時系列やストーリーがまったく変わってくる」という事実を、しっかりと胸に刻み込んでもらえればいいでしょう。

「物事は、誰にとっても同じように見えるはず」

それって僕たちが持っている“思い込み”にすぎないのです。

この宇宙では、ひとりひとりいろんなものの見え方が異なります。ひとりひとりがみんな別々にストーリーを持っていて、それをつくり続けているんです。

あなたの宇宙は**あなただけのもの。**

そして時系列もストーリーも**あなた次第。**

そう捉えると、自分の人生が「めちゃめちゃありがたい」と感じられますよね。

そして「もっと冒険してみよう」「もっと楽しんでみよう」「もっと面白がってみよう」って思えてきませんか。

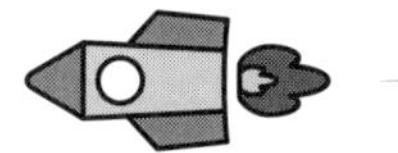

光速度に近いロケットは、
時間が進まず、長さは短く、質量は重くなる

観測者の見方によって、物事が起こる
時系列やストーリーがまったく変わる

ひとりひとり、別々のストーリーを持っている

37

quantum
mechanics

トンデモ説？「量子脳理論」

脳内でも「重ね合わせ」が発見された

傍若無人な「光」の次は、僕らの「意識」（脳）にスポットを当てます。これまたおもしろい説が飛び出してきますよ。

僕らの意識が「どこから生まれるのか」という謎は、まだまだ明らかにはなっていません。証明されていることも、残念ながらほとんどありません。でもそんな状況って「仮説を自由に立て放題！」ということにもつながります。

実際「まるでSFみたいに思える説」もたくさんあります。

なかでも注目してほしいのは、**「意識とは量子力学的な過程から生まれる」**と説いた**ロジャー・ペンローズ博士**の「量子脳理論」です。

この説は、一瞬荒唐無稽に感じられるかもしれません。でも、だからといって「そんなの妄想でしょ」と否定しがたい説得力や魅力があります。なんてったって、彼はノーベル賞を獲ったほどの実力を持った科学者なのですから……。

ノーベル賞受賞科学者によるスゴい理論

ペンローズ博士は名門、オックスフォード大学の名誉教授。イギリスの世界的物理学者・数学者・科学哲学者です。

ブラックホールの実在を示したことで、2020年にノーベル物理学賞を受賞されました。また「ペンローズ・タイル」「ペンローズの階段」(不可能図形) などでも知られています。
「アインシュタイン以来の天才」という異名をとるほどの"知の巨人"です。
しかし、これからご紹介するペンローズ博士の「量子脳理論」は、まだ"仮説"。定説にはなっていないのでご注意くださいね(僕はこの説が好きで、密かに面白がっています)。ちなみに「量子脳理論」は、何人もの研究者が提唱しています。ここではペンローズの「量子脳理論」を中心に見ていきます。

細胞内の管が、まさかの「重ね合わせ」!

ペンローズ博士は1980年代から**「脳は量子コンピュータである」**と主張をしてきました。また近年は「神経細胞の中にある微小管(マイクロチューブル)が脳内の量子計算を行っている」という仮説を提唱しています。

「微小管」とは「チューブリン」というタンパク質が円筒形に連なったものです。
神経細胞だけではなくさまざまな細胞の中にあって、細胞構造の維持や、細胞分裂、細胞内の輸送などいろんな仕事をしているそうです。

そんな多機能な微小管、じつは2種類の形をとれるのです。
「伸びた状態」と「縮んだ状態」。
この2つが、なんと**「重ね合わせ」**(104ページ) の状態で存在しているのだとか。まさに素粒子っぽい!
(「量子重ね合わせ」とは、1つの素粒子なのに複数の場所に同時にいられるという性質でしたね)。

ペンローズ博士は「微小管が、量子力学的なふるまいをするのではないか」と考えました。そして「脳内の微小管で量子の重ね合わせや収縮が起こって、それが人間の意識をつくり出している」と唱えたのです。

今現在も解明が待たれる

しかし、この説には多くの批判があります。

1つ目は「量子重ね合わせの状態が起こるには、そもそも微小管ってデカすぎない？」というツッコミです。

「微小管」という名前こそついていますが、実際は原子や電子などに比べると、ドでかすぎるタンパク質の構造ですから。

2つ目は「もし量子重ね合わせの状態になっているとしても、その状態はすぐに壊れるんじゃないの」というツッコミです。

……かなり簡潔にまとめましたが、このような流れで「量子脳理論」の正しさを証明するような証拠は、いまだに見つかっていません。でも「オモロー‼」でしょ（笑）。

「意識」は「中」ではなく外からやってくる

この「量子脳理論」を、まこちん流に超訳しておきますね。

ざっくりまとめると、ペンローズ博士がいいたいのは**「脳の細胞内のちっちゃな組織・微小管が、宇宙とつながり、相互的になんらかの量子力学的な作用が起こり、意識が生まれている」**。

そんな見方ではないでしょうか。

要は「意識」って、その人本人が**100%オリジナルでつくりだしているものじゃない**んです。きっと。

その人の身体の"外"にあるものが、脳に取り込まれて意識になる（“外”というのが「宇宙」なのか「あの世」なのか、呼び方はさておき……）。これが「量子脳理論」のベースにある考え方でしょう。

僕はこの**「意識＝外からやってくる」**という部分にとても共感を覚えています。この考え方を押し広げると「人は宇宙とすでにつながっている」ということになりますからね。

本書では何度もお伝えしてきましたが、あなたの体や思考は、すでに“宇宙（空間）の一部”です。
というか、あなたはすでに宇宙と一緒。もっというと“宇宙の一部”、そして“宇宙と一体”。
究極的には**「宇宙そのもの」**なんですから。

そういえば書店さんで本を見ていると「宇宙とつながろう」と説く本を見かけることがよくあります。
僕はそれを見る度に「人と宇宙は、（気づいていないだけで）じつはもうすでにつながっているのに……」。そんな風に歯がゆく感じています。

他にも「潜在意識は宇宙と直結していて、各人それぞれにあらゆる情報を降ろしてくる」と説く学説が存在します。
だから本来、**人は何も心配することなどない**んです。
だって、宇宙から有益な情報がひとりでに降りてくる、たとえていうと**“ダウンロード”される**わけですから。

それに潜在意識は、顕在意識とは異なり「その人本人の本当の望み」を知っています。長期的で大局的な望みを知っています。
だから、それに必要な情報を取捨選択して降ろしてくれるわけです。そこでは「最短ルート選択の法則」も働きますから、超効率よく情報が降りてきているはず。

つまり**「脳＝非常に高性能な受信機」**という見方もできるわけです。

細かい仕組みはさておき「意識＝外からやってくる」という見方は、ぜひ覚えておいてほしい考え方のひとつです。

このあとの**「ゼロポイントフィールド」**のところ（186ページ）でよく似た説をご紹介しますので、ご期待ください！

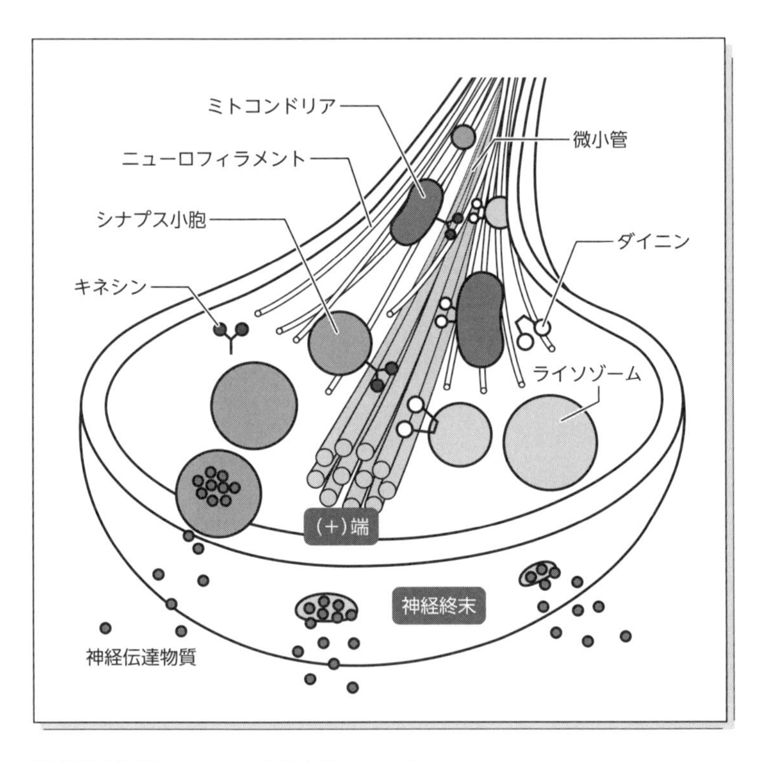

微小管は輸送のレールの役目も担っている

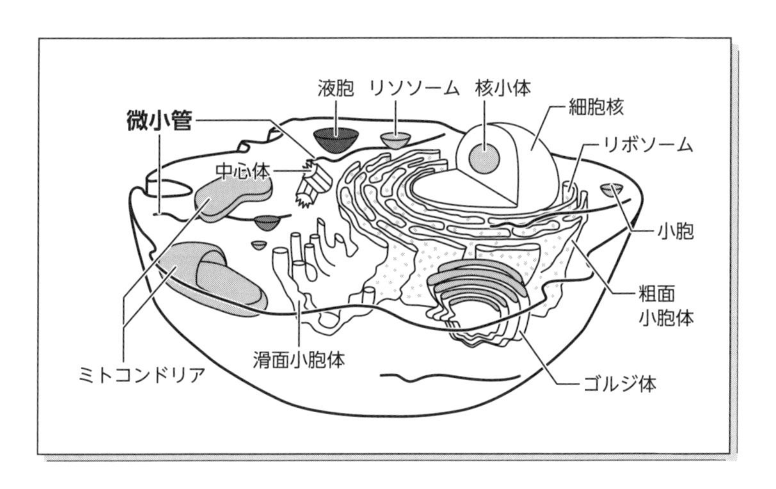

微小管（wiki/Wikimedia Commons）とチューブリン（英語wiki/Wikimedia Commons）より

38

quantum mechanics

「共役波動の原理」で脱常識

過去も未来も、あなた次第

あなたは時間の流れをどのようなものだと捉えていますか？通常は「過去、現在、未来へと進んでいくもの」と捉えるのが一般的ではないでしょうか。

たしかに、時間は一方通行の道路のように、過去から未来にシンプルに流れていくように感じられます。

朝が来たら、次は昼が来て、夜になります。

1月にお正月を迎えたら、やがて必ず12月になり年越しの準備に追われます。小さな仔犬を飼い始めたら、いつかは成犬になるし、ガーデニングで種を植えたら、やがて生長して収穫期を迎えるでしょう。

「時間の矢」は一面的な見方にすぎない

このようなごく常識的な時間の流れを**「時間の矢」**といいます。イギリスの天文学者アーサー・エディントンが提唱した概念で**「時間の一方向性」**を表す言葉です。

「時間の矢」という言葉は、次のように使います。

たとえば「風船に息を吹き込んでふくらます様子」を撮影した動画を逆回しにすれば、それが“逆回し”だとわかりますよね。「ビルを解体して崩落させる様子」の動画を逆回しにしても、逆回しだと気づくでしょう。

「風船をふくらますこと」や「ビルを解体すること」には“時間

の矢”が存在する……。こんな風に使うんです。

「そんなにややこしく考えなくても、ぜーんぶ当たり前のことやん!!」とツッコみたくなりますよね。
　でもちょっと待ってください。恐ろしいことをいいますが、**物理学の観点から見ると「過去・現在・未来」は同時に存在しているんです**。
　そして大マジメに「なぜ、この現実世界には“時間の矢”があるんだろうねぇ」と議論されています。
「“過去から未来へ”という時の流れなんて、じつは錯覚だ！」と説く心理学の説もあるほど。僕らの“常識”、なんだか根底から揺らいできませんか（笑）。

「逆回し」してもわからない動画

　先の動画の逆回しの例で考えてみましょう。
「風船をふくらますこと」や「ビルを解体すること」には、確実に因果関係があります。噛み砕いていうと風船に息を吹き込むから、ふくらむ。ビルを壊すから、崩れるわけです。
　これを**「因果順序」**と呼びます。因果関係が明らかに見てとれることをいいます。でも、動画に撮ると**因果関係がわからないこと**もあるんです。

　たとえば、理科の実験でよくあるように、球体が左から右へ転がる様子を動画撮影したとしましょう。それを逆回ししたとき。あなたはそれが「逆回しの動画だ！」と気づける自信はありますか。
　……きっと気づけない人が多いと思うんです。

　このように、目に見える範囲の物理、古典物理学においても

「因果順序」がわからない状態はあります（難しすぎるので覚えなくていいんですが、それを専門用語で**「因果律の非対称性が成立しない状態」**と呼びます）。

つまりこのリアルな世界において、常識的な概念であるはずの“時間の矢”が、すでに揺らいじゃっているわけです。ましてや、不可思議な量子力学の世界では時間の流れは「もっと自由」であってもおかしくないですよね。
実際「時間は無方向」「過去と未来とのあいだに本質的な違いなんてない」という説は山ほどあります。

量子力学でいうと**「量子重ね合わせ」**（104ページ）が、「因果順序」にも関係しているのではないかと議論されています。平たくいうと「未来の状態が、現在や過去の状態に干渉することもあるんじゃない？」ってことです。
す、すごくないですか（笑）。

未来からのメッセージに気づこう

なかでもわかりやすい**「共役波動の原理」**という理論をご紹介しておきましょう。ズバリ「未来は現在に影響を与える」という、これまたオモローな説です（笑）。
「共役波動」をネット検索しても、残念ながら情報がなかなかヒットしないんです。ですからこの語の由来からお伝えしておきますね。

池の真ん中に石を落とすとします。すると水面に波紋が広がりますよね。その波は池のふちにぶち当たって、また中央へと返っていくでしょう。
その返っていく波を「共役波動」というそうです。こんな美しい現象を時間の流れに当てはめたのが、「共役波動の原理」という名の由来です。

つまり、**現在の僕たちは、未来から返ってきている波の影響をモロに受けちゃってますよ、**ということ。この原理を実人生にどう活かすか考えてみましょう。

たとえば、自分の枠を壊されるようなショッキングな出来事が続くことってありませんか。
「私って自由なんだ」って日常の中で急に気づいて、いろんな思いがあふれてくることってありませんか。

そんな非日常的な現象って、たいてい未来から返ってきている“波”なんです。未来の自分からのメッセージなんです。あなたが選んだ“未来のあなた”から波動に乗ってメッセージがやってきてくれたんです。

それは直感みたいにふいに思い浮かんだり、ときには人の口を使って伝えられることもあります。

あなたはいつだって未来の理想のあなたとつながっています。

そして**“未来の理想のあなた”**に早くなるためのヒントやメッセージをいつも受け取っているんです。

それが**「未来は現在に影響を与える」**ってこと。つまり「共役波動の原理」なのです。だから、今日もしっかりと受け取ってみてください。

嫌な過去をいい方向に解釈すれば未来も激変

この考え方を広げると「現在も過去に影響を及ぼす」ことになります。

過去に起きた出来事に、今まではたとえば「あ〜あ、あのことのせいで大変な目にあった」なんてネガティブなイメージを抱えているとします。それは「よくない印象」としてずっと残っていますよね。

でもそれをたとえば「あのトラブルは大変だったけど、そのおかげで学べたな」とか「あのミスがあったからこそ、新たなプロジェクトにつながったんだよね」と思えるようになると、その過去はポジティブな意味を持つものに激変します。

あなたがそこにいた意味も、あなたがそれをした意味も、場合によってはそこで起こっていた現実までも本当に変わってしまうんです。

ポジティブな意味を持つようになった過去は「今」によい影響を与え、影響を受けた「今」は、未来の「確率」までもいいほうに変えていきます。

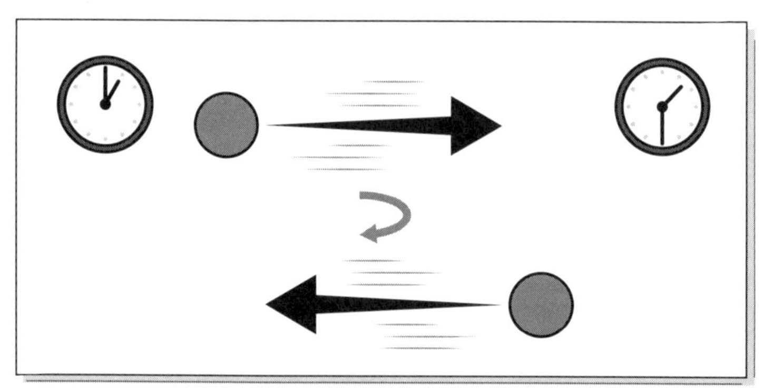

「因果律の非対称性が成立しない状態」
（巻き戻し動画を見ても「巻き戻し」とわからない現象）

それって、超理想的な循環ですよね。

このように「共役波動の原理」を使えば、**過去も未来も変えられる**わけです。おもしろいですね！

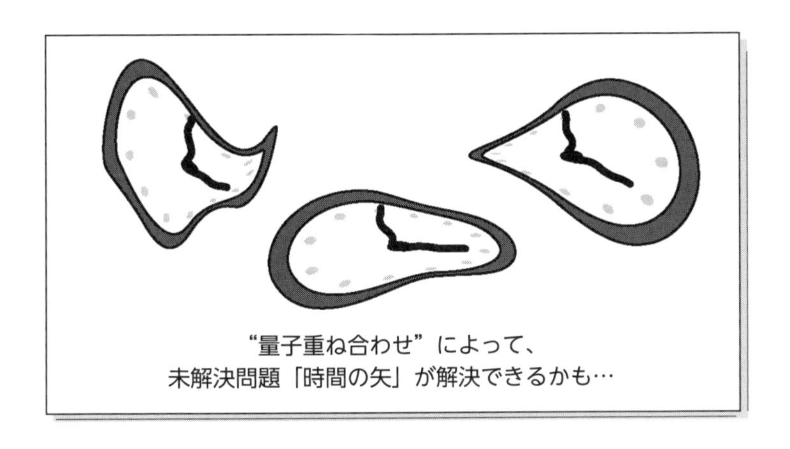

“量子重ね合わせ”によって、
未解決問題「時間の矢」が解決できるかも…

39
quantum mechanics

「ゼロポイントフィールド」

ダウンロードするほど強く豊かになれる

「量子脳理論」のところで「脳＝非常に高性能な受信機」というお話をしました（174ページ）。ここではまた別の「脳が宇宙とつながっている」という説をご紹介します。その名前は「ゼロポイントフィールド仮説」といいます。

ひらめきもアイデアもやはり外からやってくる

「ゼロポイントフィールド」とは、宇宙のすべての出来事のすべての情報が**波動情報**として記録されている場所のことを指します。138億年前に宇宙ができたときから、過去から現在までが記録されていて、未来予測までできる場所があるのです。そのエネルギーは、無限とされます。

そこにつながることで、僕らはそこから直感やひらめき、アイデアという形で情報を得るようになっています。

たとえば歴史上の偉人たちや天才たちが「アイデアが降ってきた」「ひらめきを得た」という場合、ゼロポイントフィールドにつながり、そこから情報を得ていたと考えられます。

「じゃあ、それっていったいどこにあるの？」

よくいただくこの質問にお答えすると……。ゼロポイントフィールドは、じつは空間のそこらじゅうに**遍在**しているんです。つまり、今、この本を読んでいるあなたのすぐそばにも！

ちなみにこの説は「トンデモ仮説」ではありません。表舞台でガチの研究者のみなさんが議論されている説です。そしてうれしいことに、いくつかの科学的根拠で説明できるようになっています。ですから、このフィールドにつながる技術をいち早く身につけて、想像を超える能力を発揮していきませんか。

ゼロポイントフィールドにつながって、そこから情報を得ることは、**「ダウンロード」**という概念を想像してもらうと理解しやすいでしょう。

インターネットやネットワーク上にあるデータやファイルを、自分のコンピュータやデバイスに転送して、保存することをダウンロードといいますよね。それとよく似た仕組みです。

いろんな知恵や能力を拝借できる

ゼロポイントフィールドには、あらゆる情報が格納されています。**何万、何億通りもあるあなたのパラレルワールドのデータ**も、そこに折りたたまれて保存されています。

注目してほしいのは「あなたにまつわるデータ」以外も得られる点です。

「今のあなた」が必要としている**「ほかの人が見つけた情報（人類の叡智）」**も、もらい放題なのです。

さらにいうと「あらゆる能力」もそこに取り揃えられているのだとか。それももちろん、無料で何度でもダウンロードし放題。そんな太っ腹な仕組みになっているんです。

あのブルース・リーも知っていた⁉

ここで思い出してほしいのが、あのブルース・リーの名言**「考えるな、感じろ！」**です。これはカンフー映画『燃えよドラゴン』で主演のブルース・リーが弟子にカンフーを教える場面で発したセリフの一部です。劇中では**「Don't think. Feel.」**と言っています。

またSF映画『STAR WARS エピソード4 新たなる希望』でも使われています。登場人物・ヨーダのセリフです（『燃えよドラゴン』のオマージュという説もあります）。

ブルース・リーはそもそも哲学的な言葉もたくさん残している人です。だから「考えるな、感じろ！」というのは格闘技だけに限らず、人生全般についても当てはまる教えだったのではないでしょうか。

「考える」というと「自分の頭だけで考える」という意味が強いですよね。でも「感じる」というと、外からの何かをキャッチしているというニュアンスになります。

ブルース・リーもゼロポイントフィールド（的な何か）とつながることをすでに実践していて、その大切さを説いてくれていたんじゃないかと思うのです。

そもそも僕たち人間は長くても100年くらいしか生きられないわけです。過去を振り返ると、たかだか数十年しか生きてこなかったわけでしょう。それって経験値としては“少ない”わけです。それだけの狭い視野と、それだけの分別から導き出される答えって、やっぱり「それなり」にしかなりません。そんな状態で考えたりしても、たかがしれています。

一方で宇宙は、今の時点で相当な年齢です。なんといっても**138億歳ですから！** そこから叡智を借りるほうが、どう考えても早いですよね（笑）。

さあ、あなたもこれからは「考えるな、感じろ！」の精神でいきましょう。

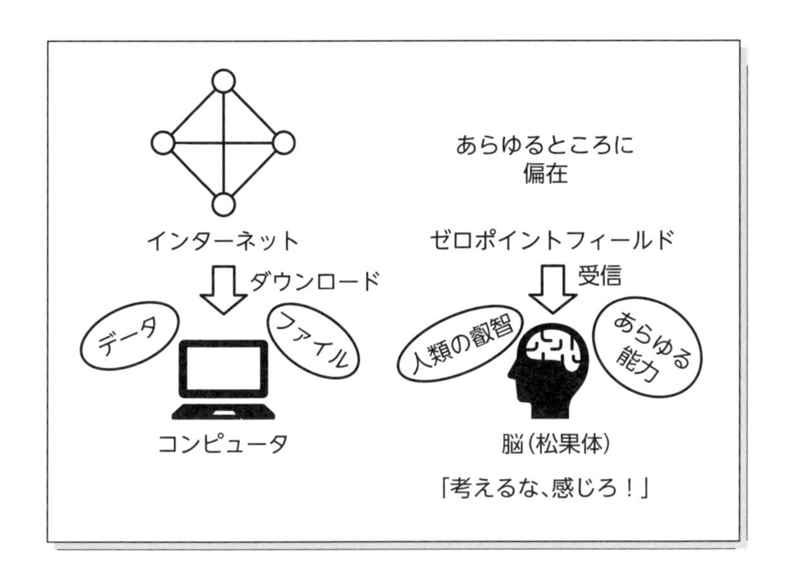

「受信」なら誰でもできるはず!?

そう考えると、人の能力とは「自力で考える力」というよりも**「外からの情報をキャッチできる（ダウンロードできる）力」**といい換えられる気がしませんか。

あなたは、スマホやパソコンに便利なファイルをダウンロードしているように、**ゼロポイントフィールドの情報を自分に降ろすだけ**でいいのです。

それだけであらゆる情報や能力、そして宇宙の叡智すらも、即手に入るのですから。

そうなると「あの人にはできるけど、私にはできない」「あの人はうまくいくけど、私はうまくいかない」「あの人には才能があるけど、私には才能がない」などという言い訳がまったくできなくなりますね（笑）。

でもいいじゃないですか、人類の叡智をダウンロードし放題なわけですから。
言い訳なんてせず、どんどん感じて、どんどん行動を積み重ねていきましょう。

「とはいえ、ゼロポイントフィールドとつながれるなんて、もともと直感がするどい人だけでしょ？ 特別な人だけでしょ？」
そう思う人がいるかもしれません。いやいや、本来誰でもできることなんです。だって脳を持っているでしょ？ だったらみんなできますからぁ〜！

実際、ハンガリー出身の世界的に著名な物理学者・哲学者、**アーヴィン・ラズロー博士**は**「人間の脳は受信機にすぎない」**と明言しています。
つまり、人間の脳は「考える」「思考する」「判断する」などにも使われていますが、**「受信する」**という役割のほうが断然大きいのかもしれません。

脳の中の松ぼっくりを味方につける

では、どのようにゼロポイントフィールドの情報を「受信する」のかというと、鍵になってくるのが**松果体**(しょうかたい)です。
脳の奥のほうに「松果体」という部位があり、そこがアンテナみたいに受信する機能を持っているとされています。量子力学的に言うと、ゼロポイントフィールドとその「松果体」がつながっていろんな情報を降ろしています。
それが「直感」と呼ばれたり「超能力みたい」などと言われたりするのです。

松果体とはグリーンピースほどの小さな内分泌器官であり、脳の中心にあります。形としては、**松ぼっくり**のような形といわれています。

また松果体の構成物質として**ケイ素**が含まれています。人体でほかにケイ素を含むものとして、目の水晶体が知られています。

松果体も水晶体も、ともに光を感知するセンサー的な役割を果たしています。

水晶体の働きはよく知られていますが、松果体は脳の内部に隠れていることもあり、あまり知られていませんよね。ですから、もっともっと使いたおしていきませんか。

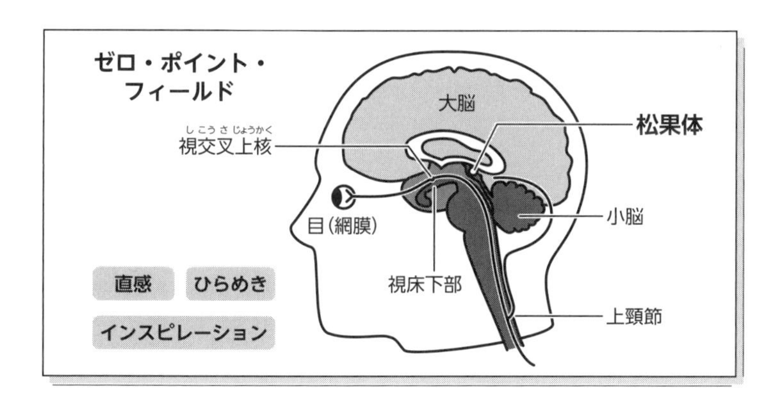

40

quantum mechanics

宇宙と強くつながる方法

「今、ここ」を味わいつくす

前の項目では、僕らは松果体を通してゼロポイントフィールドの情報をキャッチしているという話をしました。ここではさらに踏み込んで、どうすれば松果体をフル活用して、より強くつながれるのか。わかりやすくお伝えしていきます。

ボーッとしている状態こそ最強

逆説的に聞こえるかもしれませんが、松果体は、**リラックスした状態でいる**ことで活性化されます。「強くつながりたい」と念じるよりも、力を抜くことが大事なのです。

具体的にいうと、ボーッとすることでゼロポイントフィールドとのつながりは強くなります。ボーッとしているときの脳は、思考しているときの脳よりも、ある意味「働きがよくなっている」からです。

脳科学的に見ても人間の脳は、**ボーッとしているとき**のほうがアイデアが浮かびやすかったり、インスピレーションを受けやすかったりするそうです。

実際、特殊な機械で脳の様子を見ると、ボーッとしているときに血流量が相当増える部分が多くあります。しかもそのそれぞれの部位がお互いに盛んに同期して関係しあったり通じあったりしています。これを**「デフォルトモードネットワーク」**といいます。

つまり脳の機能面から見ても、ボーッとしているときこそ、じつは活発に活動しているし、むしろ非常に理想的な状態なのです。だからひらめきや直感も起こりやすいわけです。

だから「何をボーッとしてるのっ！」と怒るのはお門違い。また「今日も1日ボーッとしてしまった」と自分を責める必要もありません。
みなさん、どんどんボーッとしましょう。「引き寄せたい！」と強く願うよりも、リラックスして松果体の働きをよくしましょう。

「今、ここ」を味わいつくすのがいい

そしてもうひとつ大事なのは**「今、ここ」**を大切に感じながら過ごすことです。
「今、ここ」にすべてがあると捉えてください。
過去も未来も、今にはまったく関係ありません。「つらい過去だった」と思い出したり、「未来が心配だ」などと悩んだり。不必要なネガティブな思いにとらわれることは、じつは無意味です。

過去を振り返って後悔ばかりしていたら、その意識が「今、ここ」に後悔の意識と似たネガティブな現実を創り出します。
未来への不安を抱えた意識でいれば、その意識が「今、ここ」に不安の意識と似たネガティブな現実を創り出します。

「今、ここ」を喜びなどポジティブな感情で満たせば、ポジティブな現実を創り出します。そして「満たされたい」「宇宙とつながりたい」と願う必要そのものがなくなってきます。その積み重ねが**「自然に宇宙とつながっている現実」**を創るんです。だから、**今をうんと味わいましょう。**
これは、量子力学が教えてくれる最大の知恵のひとつです。

41

quantum
mechanics

「プランク時間」を味わう

過去にも未来にも干渉されず今を生きる

「共役波動」のところで時間について考えました（182ページ）。「物理学の観点から見ると『過去・現在・未来』は同時に存在している」。こんな記述を読み、常識が揺らいだ人もいらっしゃるでしょう。この章の最後に、時間について再び考えておきましょう。

「時間」にも最小単位がある!?

非常に高度な研究に携わっている科学者たちは、「時間の矢」という概念を考え出したり、「なぜ、この現実世界には“時間の矢”があるのか」などと議論を重ねてきました。なんなら「時間が存在しない可能性」まで考えてきました（科学者たちは、僕ら“一般人”の常識とはかけ離れた事柄を考えている人たちだと思ってください）。
「時間が存在しない可能性」とはどういう意味なのでしょうか。

そもそも物理学の一部の分野では、「長さや時間には、それ以上分割できない最小単位が存在する」とされてきました。
「長さ」の場合は**「プランク長」**（1.62×10^{-35}m）。
「質量」の場合は**「プランク質量」**（2.18×10^{-8}kg）。
そして「時間」の場合は**「プランク時間」**（5.39×10^{-44}秒）。これらを総称して**「プランクスケール」**といいます。この「プランク」は、16ページで見たドイツの物理学者、マックス・プランクの名前が由来です。そしてこのような最小単位がある、と説く理論を**「ループ量子重力理論」**といいます。
「ループ量子重力理論」は基本的に**「時間は不連続だ」**という見方をしています。それは「パラパラ漫画」をイメージしてもらうと理解しやすいでしょう。
パラパラ漫画の1枚1枚は静止画ですが、連続でめくると、まるで動いているかのように見えます。YouTubeなどで再生されている動画も、テレビで放映されている番組も、実際はとても細かいパラパラ漫画のようなもので、脳の認識能力によって**「動いている」と錯覚しているだけ。**それと同じことが、時間についてもいえます。脳が錯覚して「時間」も**「続いている」ように見えているだけ**かもしれないのです。

さらにいうと「プランク時間」より短い時間では、物理的に意味を持つものは知られておらず、時間の概念は存在しないことになります。そして最初に戻りますが、科学者らは今現在も「時間が存在しない可能性」を考えています……!!

この「時間が存在しない」とは、いくつかの仮説が混じった結果です。もちろん僕ら一般人は「時間が存在しない」と聞いても、まったくピンときませんよね。でも突き詰めて考えると、不連続な時間を「過去から未来に流れている」と**錯覚しているだけ**なのかもしれません。
そう考えると、なんだかワクワクしませんか。

プランク時間って“とびとび”なんです

では、この「ループ量子重力理論」の「プランク時間」などの概念を実生活にどう活かせばいいのか、考えてみましょう。
すべての物質は、分解すると素粒子にいきつくように、時間も分解すると「プランク時間」という最小単位にいきつきます。
物質は（どんなに大きく見えるひとかたまりのものであっても）、結局は素粒子の集合体でしかないように、時間だって**非連続の「プランク時間」の集合体**なのです。つまり時間の最も小さなパーツが、とびとびに存在している状態をイメージしてください。
えーっと、ここまで理解できます（笑）？
「でも、時間ってつながってるじゃん。食べれば太るし、お酒を飲みすぎたらベロベロに酔うし！」

普通はそう思いますよね。そんなときは**「ミクロの世界の話は小さすぎて、僕らにはそれを知覚できない」**と捉えてください。
肉眼で自分の体をリアルに見ると、実体として見えるし、触れるし、何かを飲食したらお腹は実際ふくらんで重くなりますよね。でも、ミクロの視点で見ると、どんなに太っている人の体も、素粒子レベルではガラガラのスッカスカですからね。
お腹に大量の脂肪がついて、ムチムチでムギューッとつかめるくらいでも、**素粒子レベルで見ると空疎そのもの。**素粒子と素粒子のあいだにはめちゃめちゃ距離が空いていますからね。

時間も同じです。「過去に食べたから、今太っている」という因果律は量子力学の世界では通用しないのです。時間とは非連続なものかもしれないのです。あっ、だんだん頭がこんがらがってきましたよね……。

過去、今、未来はそれぞれ独立している

で、そんな量子力学的な概念を、結局のところ人生にどう都合よく活かせばいいのかというと……。「プランク時間」が連続しないで、とびとびに存在しているのであれば……。「過去」がど

んなだろうと「未来」がどうなっていようと**「今」とはまったく関係がない**ことになります。

もし「過去」や「今」が思うようにいかない状況で、「このまま時間がつながっているなら、未来は超絶望的」と思えたとしても、じつは、そうじゃないことになります。

「過去」「今」「未来」は、互いになんの関係性もないのです。

（ここらへんのロジックは「共役波動の原理」（182ページ）とはビミョーに矛盾しますが、まあ置いといて…。都合よく解釈して実生活に活かしましょう）。

「過去」「今」「未来」が完全に独立して存在しているのなら。過去の「プランク時間」に何があろうが何をやらかそうが素粒子レベルで見たら「現在」にはなーんの影響もありません。それなら、**「今」という「プランク時間」を大切に味わおう**、ということなんです。

未来のプランク時間を憂えてもまったく仕方がありません。心配をしても意味がありません。それなら、「今」という「プランク時間」を大切に味わおう、ということなんです。

つまり「今、ここ」（193ページ）を大事にするしかないし、それが一番いいんです。

「今」を必死に積み重ねるだけでいい

あなたが存在しているのは、あなたが認識できているのは、あなたが何かを体感できるのは、今ここのプランク時間だけ。今あなたがいるプランク時間だけです。過去のプランク時間や未来のプランク時間のことを考えてもしょうがありません。だって存在していないんだし、何の関連性もないのですから。

で、**「今」のプランク時間の積み重なりが結局、人生そのもの**

になっていきます。ですから「今、この瞬間」をしっかり大切に味わいつくそう、楽しみつくそうってことなんです。

常に「今」を徹底的に意識する。常に今を楽しみ、味わいつくす。それが**幸せへの近道**です。

そんな生き方ができていると、“時間”という“連続する流れ”がたとえ存在しないとしても、何も困らないし、オッケーだとすら思えてくるはずです。

第3章

夢を叶える量子力学の法則

quantum mechanics

42
quantum
mechanics

「マルチバース理論」①

量子力学以外の領域でも注目

ここから上級編です。量子力学についての基礎的な知識は、すでに吸収いただけたと思います。今までお伝えした知識を土台とした、さらに高度な情報をお話ししていきますね。

上級編の冒頭では「宇宙」について取り上げます。ビッグバンやインフレーション理論など、僕らが属している宇宙や、その始まりについては前にご説明しました（156ページ）。

ただ……。量子力学的な観点でいうと、"宇宙"の話ってもっともっとデカいんです。というか、"宇宙"という概念の定義からして、規模がとてつもなくデカいんです。

ユニバースじゃなくてマルチバース

そもそも宇宙の英語訳は「ユニバース」でしょう？

「ユニ」（uni）という接頭辞は「1つの」という意味。ですから、「僕らの住んでる宇宙は1つだよね」というのが、みんなの共通認識だったわけです。

しかし科学の進歩とともに「僕らの住んでる宇宙以外にも、観測することはできないけれども、別の宇宙が存在してるんじゃね？」という見方が出てきたんです（すごいですよね）。

そこで**「ユニ」**（1つの）ではなく**「マルチ」**（複数の）という接頭辞を付けた**「マルチバース」（多元宇宙）**という概念が提唱されるようになりました。

ちなみに流行の「メタバース」とは、異なりますよ。あれはインターネット上に存在する仮想空間のこと。
「マルチバース」の仮説はぶっ飛んだものも含めていろいろあるんですが、一般の方にはまだなじみがないかもしれません。

僕らの宇宙も「泡宇宙」!?

マルチバースの種類を具体的に見ていきましょう。
昨今、よく取り沙汰されているのは「インフレーション（膨張）理論」から生まれた**「泡宇宙」**でしょう。
「インフレーション理論」では、宇宙はビッグバンによって、誕生した直後急激に膨張したとされます（158ページ）。
その説を広げて考えていくと、「インフレーションはずっと続いていて、無数の宇宙を泡のように無限に作り出している」という予測にいきあたるのだそうです（たしかにその話は、整合性があるように聞こえます）。それを**「永久インフレーション理論」**といいます。

永久インフレーション理論では「宇宙全体をみるとインフレーションは継続中のところと終了したところの両方がある」とされ、終了した領域は「泡宇宙」と呼ばれます。
つまり僕らの住む宇宙は、インフレーションが続く広大な宇宙全体の中で、インフレーションがたまたま終わったひとつの「泡宇宙」の一部にすぎません。そして僕らの宇宙以外にも、泡宇宙は無数に存在することになります。

アメリカ・スタンフォード大学の研究チームによると、泡宇宙は**「10の10000000乗個」**存在する可能性があるのだとか。もちろんそれらの泡宇宙の物理法則と、僕らの宇宙のそれはまったく異なるかもしれません（インフレーションが終了したときの条件が異なると、異なる素粒子が生まれるはずですから）。
どっちにしたって、僕らが生きているうちに直接観察できるような話ではありません。
でも興味をかき立てられる話ですよね。オモロー!!

この「泡宇宙」研究の第一人者として、同大学の物理学者**アンドレイ・リンデ教授**が挙げられます（彼は科学者でありながら古代インド哲学に傾倒し、物理学と反するように聞こえる発言でも知られています）。ユニークなその発言をネット記事などで見かけたら、ぜひ読んでみてください。

選択をする度に宇宙が増える

もうひとつ、「多世界解釈」についてもご紹介しておきましょう。
かなり前に「コペンハーゲン解釈」と対比しながらご紹介した理論ですが、これもじつは「マルチバース理論」のひとつ。この概念は1957年、当時大学院生だったアメリカの**ヒュー・エヴェレット**が提唱したものでした（74ページ）。

この説では「僕らが1つの選択を行うたびに宇宙は分岐して異なる現実が生まれる」ということになっています（個人が知覚できる現実は自分の生きている現実だけ）。でも僕らの人生って、選択の連続ですよね。例を挙げてみましょう。
「告白してくれた彼とは、つきあわなかった」という選択。
「あの会社の内定を蹴った」という選択。
卑近な例でいうと「今朝はいつものようにパンではなくお米を食べた」という選択。
もっというと「A駅ではなく、B駅のトイレに行った」というような、めちゃくちゃささいな選択……。

そんなチョイスをする度に、**世界が枝分かれ**していくんです。すると、選ばなかった可能性の宇宙（世界）もさらに増えていくというわけです。
この考え方でいくと、数十年生きてきた人には、何億、何兆、いやもう数えきれないレベルの宇宙が存在することになりますよね。ど、ど、どんだけ～!! !!
でも、これが「多世界解釈」の考え方です。

この「泡宇宙」と「多世界解釈」が「マルチバース理論」の二大巨頭です。「泡宇宙」は宇宙物理学の領域、「多世界解釈」は量子力学の領域の話ですね。

「この次元だけであるわけがない」

さらにいうと、数学の領域にも「宇宙（世界）は無数にある」という理論は存在します。「リーマン幾何学」で有名なドイツの数学者**ベルンハルト・リーマン**というバリバリの数学者がいます。19世紀を代表する数学者です。

彼の功績の中に「次元」や「空間」の計算があるのですが、彼はこんな意味の言葉を残しています。
「空間は3次元的なものの中の特殊な事例にすぎません」
つまりリーマンは「3次元」と呼ばれる状態のもののうち我々が認識している「空間」ってのはかなり特殊な一例にすぎなくて3次元ってのは他にもたくさんあるよと説いているわけです。
さらに「5次元とか10次元とかそんなのも存在しているからここはたくさんある次元の中のほんのひとつに過ぎない」とも言っています。いろんな難しい計算をしてみると、どう考えても「この次元だけで」そうです。

こうなると、宇宙物理学でも量子力学でも数学でも、「この世界（宇宙、現実、次元）はひとつじゃない」と見られているわけです。この世界はたくさんあって、いろんなものが存在しているという可能性が高そうなのです。

じゃあ、そんな理論をいったいどうすれば実人生に活かせるのか。次の項目でお話ししますね！

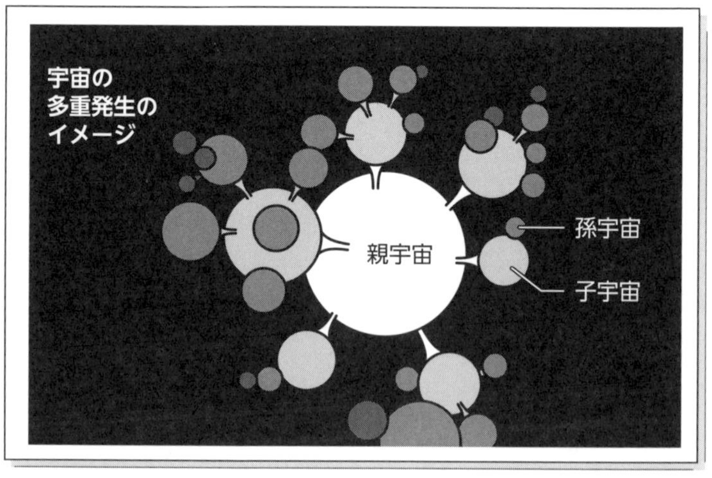

次々と増殖する宇宙。ただ、僕らの宇宙が「親宇宙」か「子宇宙」か「孫宇宙」かはわからない……。
「マルチバース」とはこんな感じ。親宇宙のいたるところで泡宇宙が生まれ続けている。

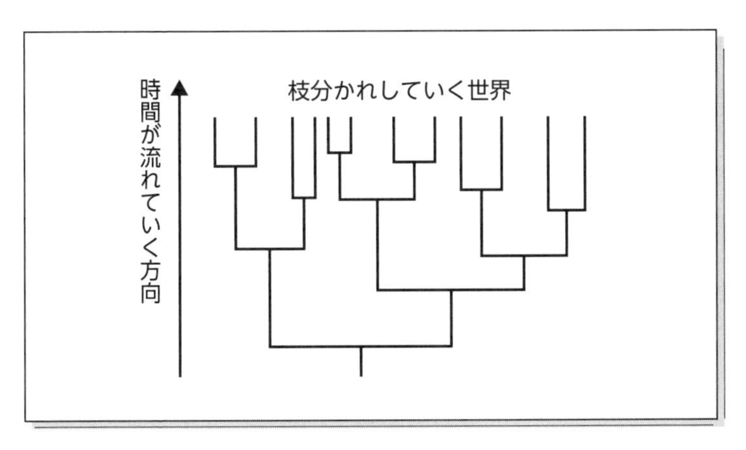

選択をする度に宇宙が増える「多世界解釈」

43

quantum mechanics

「マルチバース理論」②

“予定調和”で幸せになれちゃう理由

「この宇宙（世界、現実、次元）はひとつじゃない」と見られています（74ページ）。**宇宙物理学**でも、**数学**の領域でも「宇宙（世界）は無数にある」という理論が存在します。「世界はたくさんあって、いろんな世界が存在している」。そんな可能性が非常に高いのです。

それらの理論は、量子力学がいうところの「ひとりひとりが見ている世界（住んでいる世界）はまったく違っていてそれはみな自分自身が創り出している」。

つまり「ひとりにひとつ（以上）の宇宙が存在している」という考え方と、ほぼ重なります。

あなたの世界は、あなた専用

これらの説に共通しているのは「あなたの宇宙には数多くの登場人物がいて、さまざまな役を演じてくれてはいるけれど、創造主であるあなたの重要な意思決定や叶えようとする夢にはなんの影響も及ぼさないし、及ぼせない」ということ。

あなたの世界は、どこまでいってもあなた専用の世界です。生まれてきたとき、あなたはひとりで、お母さんの体からこの世に生まれてきましたよね。

それから（意識することはなかったかもしれませんが）**あなたの世界はあなた専用**だったのです。そして、これからも「あなた専用」という状態は続きます。
ですから「まだ気づいていない」という方は、早く気づいてほしいのです。じゃないと、もったいない！

具体的にいうと、何かをやって、うまくいったとき。他人にそれをねたまれたり、とやかく言われたりするなんて、本来おかしいことです。何かをやって、うまくいかなくなったとき。他人に笑われたり、とやかく言われたりすることも、ナンセンスです。

だから堂々と好きなことを好きなようにやっちゃっていいんです。むしろ好きなようにやっちゃわないと損なんです。時間は限られていますから。
もともとがそういう仕組み、いい換えると物理法則、自然の摂理なのです。だから、あなたはあなたの世界で好きなようにやるのだぁ～!!

びくびくしないでいいんです。周りに気を遣いすぎなくていいんです。あなたはあなたの世界に生きているんですから。

予定調和、バンザーイ!!

あなたは心から安心して、好きなことを考えて、行動に移せばいいだけ。あなたの夢が叶うかどうかに、**他人の意識も行動も一切関係ありません。**

こんな仕組みを僕は**「予定調和」**と呼んでいます。
え、「あまりいい意味の言葉じゃないよ」ですって？ そうですよね。たいていの人が、このお話をすると「予定調和なんて嫌い」という反応をされます。
でも、あなたが反射的にイメージした「予定調和」という言葉の意味と、今ここでお伝えしている「予定調和」の意味って、おそらく別モノです。

僕のいう「予定調和」とは**「あなたの世界は専用の箱庭だから、結局どうせ大丈夫」**という超ポジティブな予定調和です。この世の仕組みを物理的にひとつひとつ紐解いていくと、じつは結構“予定調和的なつくり”だということに気づきます。

だから安心して大胆に選択しましょう。大胆に進みましょう。結局あなたの箱庭内のことなんですから。羽目を多少外しても、頑張りすぎても、周りとまったく違ったことを楽しんだり、追求したりしても大丈夫。こんな予定調和なら大歓迎ですよね。

ああ素晴らしき予定調和の世界（笑）。

そもそも人が、自分以外の箱庭に口出しをすることなんてナンセンスなんです。箱庭の主じゃないんですから。もっというと……。「ある生き方が許されて別の生き方は許されない」とか「ある生き方は正解で、別の生き方は不正解」とか「どっちの生き方のほうが優れている」とか。

そんなふうに、人が自分以外の箱庭を評価することも、本来はおかしいわけです。

「幸せの形」も人それぞれ

つまり**「幸せの形」なんて、人それぞれ**。「幸せの形」に定義も、決まりも、規格もありませんから。そう考えると「いわゆる普通の幸せ」とか「一般的な幸せ」とかも、存在しないはず。

もっというと“普通”とか“一般的”とかの意味が僕にはわかりません（笑）。「他人からみた幸せ」とか「幸せそう」とか「幸せと思われそう」とか。そういうことを気にする必要もありません。

「幸せの形」も、宇宙と同様、あなた専用。あなたはあなたの幸せを目指せばいいしあなたの幸せを生きればいいんです。僕は僕の幸せを目指すし、僕の幸せを生きるつもり。
「幸せ」って人によって全然違うし、違うほうが自然で健全ですよね。

あなた自身が“神様”であるれっきとした理由

要は、人はみんなそれぞれが自分のことを**「主」「主人」「神さま」**だと思って生きればいいんです。
とはいえ誤解しないでくださいね。ここでいう「神さま」とは、既存の宗教においての神仏とか教祖とかを指すわけじゃありません。もっとカジュアルに、かるーく「自分の人生のオーナー」くらいの意味で捉えてください。
あなたがいる宇宙は誰のために用意されたものでしょう？ あなたですよね。「多世界解釈」では、数多くの世界の中から、誰が好きな世界を勝手に選べるんでしたっけ？ それも、あなたですよね。
ほらもうわかりましたよね。**あなたの世界の神さまは、あなただけ**なんです。

この考え方には、説得力ハンパない証拠があります。
神社にお参りしたときに（どこの神社でもいいんですが）、**「御神体（ごしんたい）」**を見たことってありません？
僕は、いくつかの神社で見たり、見せてもらったりということがあるんですが……。
じつは数多くの神社で**「御神体」**というと鏡のことを指すんです。といってもあなたがメイクをするときや顔を見るときに使っているようなピッカピカの鏡じゃありませんよ。

たいていは数百年近く昔から伝わっていて、うっすらと靄がかかったように曇っている鏡です。あの鏡でメイクをするのはたぶんムリです（笑）。

で、何がいいたいかというと、「御神体ですよ」と鏡を見せてもらったときに、恐ろしいことが起こるんです。

最初に見えるのが何かというと……。「これが御神体か」と思って蓋なり覆いなりをとって覗き込むと、な、な、なんと自分の顔が映るんです!! キャー!! このホラーの意味、わかります？（ホラーじゃないけど）。

じつは、**あなた自身がマジで“神様”**なんです。

この意味をもっと重く噛みしめてほしいと思います。

神様は、あなた自身の内側にあり、あなたはあなたの宇宙を支配しています。神社は、それを思い出させてくれる場のひとつといえます。

僕は特に“神道推し”というわけではないですし、特定の宗教に肩入れしているわけじゃありません。でも、「自分が自分の箱庭のオーナーである」と思いださせてくれる点で、神社って素晴らしいですよね。

神社に行ったら**「あなたの中に、すべてを叶える力が眠っている」**ことを思い出してください。

最近の理論では「その人の意識は、もともと宇宙にある〝意思みたいなもの〟をそれぞれが皆んな受信しているのだ」なんていう説もあります。

人が祈ったり願ったりする場所、要は「人の祈りや願いのその集合体」が神社であるならば、**あなたの意識は神社そのもの**ともいえるでしょう。

日本には各地に本当に数多くの神社があるのも、それで科学的に説明がつきそうですよね。

レッツ自分詣（もうで）！

ここまでを広げて考えると、**神社に詣でることは、自分を敬っていることになる**、とはいえないでしょうか。

自分を大切にしていることになる、とはいえないでしょうか。

ですから僕は神社詣を「自分詣」と呼んでいます。

神社で祈ったり願ったりすることは、自分に宣言したことになります。

自分で決めたことになります。

自分で幸せになれるってわかったことになります。

それが前提になって潜在意識までいって現実化、物質化するわけですから、いいことがあるに決まっていますよね。素敵でしょ。

だから自分詣がまだなら、ぜひ行ってみてくださいね。

44

quantum mechanics

身体と潜在意識の関係①

潜在意識は身体に出ちゃう

前に、意識を現実化させるコツについてお話ししました（122ページ）。この上級編では、より踏み込んだ実践的な方法をお伝えします。

潜在意識は顕在意識の６万倍の容量!?

そもそも人間の"意識"のうち、**3〜5%が顕在意識**、残りの**95〜97%が潜在意識**とされています。

僕らは普段、潜在意識には気づかないまま、顕在意識が圧倒的に優位な状態で過ごしています。

普段、自分でも意識していたりコントロールしている思考などが顕在意識。普段は意識できずコントロールもできないのが潜在意識です。その容量や処理能力でいうと、潜在意識は顕在意識の約6万倍とも、7万5千倍ともされています。

つまり潜在意識のほうが相当デカいので、意識の現実化などに相当大きく関わってくるわけです。

もちろん、生きていくうえでは顕在意識も大事ですよ！ 潜在意識とは役目が異なるだけです。

潜在意識の当たり前が現実化する

重要なのは、顕在意識で「願っていること」が、必ずしも現実化するわけじゃないということ。潜在意識が当たり前と思っていることこそ、現実化するんです。
要は「私って◎◎になりたいんだよね」「今、◎◎が欲しい」など、自覚できる顕在意識の範囲で強く願っていても難しいんです。
無意識のレベル、つまり潜在意識で「私が◎◎になるのはもう既定路線だから」「私は◎◎を手に入れて当然だから」と捉えている（思い込んでいる）くらいの願望が、するすると自動的に現実化していくのです。
“顕在意識の当たり前”ではなく**“潜在意識の当たり前”が現実化に直結**しているのです。

そのための方法を、前にいくつかお伝えしました。「願いが叶ったつもりになって妄想する」「本当に好きなことを願う」「細部にこだわりすぎずに願う」「今を心地よく上機嫌で過ごし続ける」……。
あなたはもう試してみましたか？
なかには「実践したけれども、効果がわかりにくい」とか「抽象的すぎる」とか「しんどいときに、そもそも上機嫌で過ごせない」という人もいるのではないでしょうか。

ここでは、もっとわかりやすく、ラクに、しかも高効率に潜在意識に働きかける方法をご紹介します。
それは身体にアプローチをして整えることです。目に見えるし、意識もしやすそうでしょう？

身体へのアプローチがよく効く理由

じつは、潜在意識は身体とつながっています。あまりのデカさゆえ（笑）、ダイレクトに身体に影響を与えてしまうんです。
そして、目に見えるレベルで身体に出ちゃったりもします。

「顕在意識は表情に出る。潜在意識は身体に出る」、こんな風にいわれています。実際、検査をしてもなかなか発見できなかったような病気を、身体の外見上のちょっとした変化だけで見つけてしまう。そんな医師もいらっしゃいます。それほど潜在意識は身体に“ダダ漏れ”なわけです。

とはいえ……。なんだか矛盾するように聞こえるかもしれませんが、潜在意識は“無意識”の領域ですから、見ることも意識することも難しいんですよね。

でも、身体に病気なり症状が出てしまうのなら、逆転の発想で、**身体の状況を好転させてあげたら、つながっている潜在意識が変わる**というのがご提案したい解決策です。

身体からのアプローチで潜在意識を自分の望む方向に変えてあげる。そのほうが、形も見えず、意識もできない潜在意識に働きかけるよりも、よほど確実でラクですよね。

そんな考え方で、身体へのアプローチ法をこれからお伝えしていきます。

潜在意識の乱れは病気をも招く!?

潜在意識と身体の関係は、次の通りです。

・**身体が心地いいと、潜在意識も整っていく。**
潜在意識が整っているから（機嫌がいいから）、不調や病気が遠ざかっていく。

・**身体が不快だと、潜在意識も乱れていく。**
潜在意識が乱れているから（機嫌が悪かったり精神的なストレス過多だから）、不調や病気が引き起こされる。

つまり潜在意識の乱れは、**身体の不調**として現れることもあります。反対に、温泉やマッサージなどで身体を整える（“快”にしてあげる）と、潜在意識も整います。いい換えると心が満たされたり、上機嫌になったりするわけです。

とはいえ、毎日のように温泉やマッサージに通うのって難しいでしょう？ だから、より手軽な手段で、体を手軽に整えていきましょう。

要は身体の状態をなるべく良くしておくことが、ひいては心の状態をよりよくしてくれるってことです。

いろんな状況があるでしょうが……。なるべく身体を温めたり、動かしてあげたり、休んだり、おいしく食べたり、水分をちゃんと入れてあげたり。まあキリがないけれど、身体を守ってよい状態にしておくこと。それがあなたの心や意識のベストポジションに直結するんです。

この仕組みさえ知っておけば、人生のどんな局面にあっても、楽しく乗り越えていけるでしょう。

姿勢をよくすると潜在意識も上向く

最もわかりやすい例は**“姿勢”**です。潜在意識は姿勢にもダイレクトに現れます。あまりよくない状態のとき、つまり潜在意識が不安や怖れ、怒りなどを強く意識しているとき、姿勢は肩が前に出て前かがみの状態になります。なので強制的にでも、姿勢をよくしてしまうのです。

具体的にいうと、肩を左右に開いて胸を張る堂々とした感じになります。

これは、気分がどんなに落ち込んでいようと“強制的に”自分の姿勢を堂々とさせる、というのがポイントです（笑）。

すると、姿勢の改善につられて潜在意識も上向きますから。身体の状態を無理矢理変えちゃえば、本来意識もコントロールもできないはずの潜在意識を変えられるのです。

自分の身体に強制的に働きかけるという意味で、類似の例があります。アメリカの心理学者のウィリアム・ジェームズ博士は**「楽しいから笑うのではない、笑うから楽しいのだ」**という言葉を残しています。これはまさに、その通りですよね。

「本当になりたい自分、望む自分はどんな姿勢で、どんな呼吸で、どんな表情でいるかな……」と考えて、それを先に、今やってしまえば、手ごわい潜在意識だって自然に変わってくれるのです。
そして潜在意識が変わってしまえば、願望なんてあとは勝手に叶っていきます。
意識はどんどん現実化していきます。もう、**自動操縦**なんですから（笑）。
今日からみんなで「なりたい自分」の身体の姿勢を先取りしましょう。

疲れ切って姿勢をよくするどころじゃない場合

とはいえ……。毎日がすごく忙しかったり、かなり疲れていたり、メンタルが落ちたりすることもありますよね。
「あれっ？　望む自分って、どんな姿だっけ？」
「あれっ？　望む未来って、どんなものだっけ？」
「あれっ？　望む現実ってどんな様子だっけ？」
人間ですから、このように見失なうこともあるでしょう。

でも、それは一時的なもの。その日の体調とか、気分とか、状況などの影響を受けているだけです。たとえば前日に飲みすぎたとかね(笑)。
「望む未来の自分」を一度だけしっかりとイメージして、理想の自分とちゃんと契約ができたなら、すでにそこに向かっているはずだから、基本的には大丈夫です。

このように疲れは、不安や怖れを招くことがあります。そんなときは、気分のいい時間を少しでも長くしてみてください。
僕はお風呂に入ったりコーヒーを飲んだり本読んだりしてリラックスします。
そんな簡単なことでいいのです。
そこから、姿勢を整えていきましょう。

	自覚	容量	表出する場所
顕在意識	できる	小さい	表情
(重要)潜在意識	できない	大きい	身体

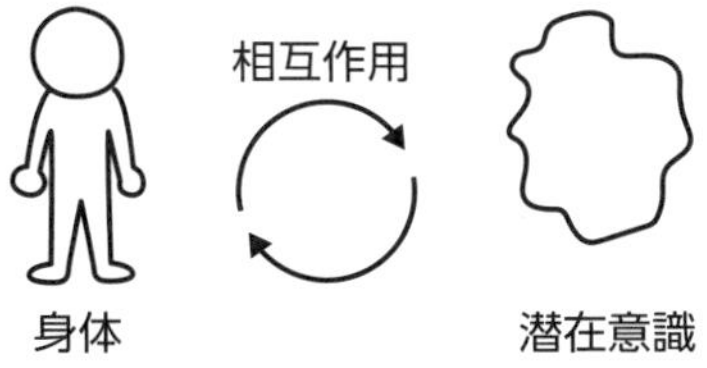

⇨ 姿勢をよくすると潜在意識も上向く
「楽しいから笑うのではない、笑うから楽しいのだ」

45
quantum mechanics

身体と潜在意識の関係②

身体をゆるめれば潜在意識もゆるむ

姿勢をよくすることは、大切です（215ページ）。とはいえそれ以前に、大前提として身体がしなやかでいい感じに“ゆるんでいること”も、じつはかなり重要です。

身体がカチコチで緊張しているときは、心身共に余裕がないはず。それでは長時間いい姿勢をキープするなんて難しいですからね。だから身体をゆるめてあげましょう。

身体がゆるむだけで、潜在意識もかなりの程度までゆるんでくれますから。

あなたの潜在意識が、あなたの現実になる

身体が緊張やストレスなどでガチガチになっているときについて、考えてみましょう。

身体がカチコチのときは、潜在意識もガチガチで余裕もゆとりもない状態だったりします。

で、潜在意識はそのまま、その人の現実に投影されます。**あなたの潜在意識が、あなたの現実そのもの**だったりします。

つまりガチガチで余裕もゆとりもない現実を味わうことになります。それは、しんどい（笑）。

わかりやすくいうと、常にイライラしていたり、時間に追われまくっていたり、人との衝突や争い、不平や不満に満ちているイ

メージです。どちらかというと避けたい状態ですよね。

反対に、潜在意識がゆるんで柔らかくて、いわゆるいい状態のとき。そんな潜在意識も、やっぱりそのまま、その人の現実に投影されます。つまり、柔らかくって余裕もゆとりも豊かにあって、ギスギスとは無縁の満ち足りた現実で生きることになります。

さらにうれしいことに、**リラックスした状態**で、潜在意識がゆるゆるになって**スキマ**が生まれると、空いたスペースに"何か"が入ってくるようになるんです。

それは"めっちゃ素敵"で、あなたが本来望んでいるような、すごーくよい何かです。

たとえば「思わぬ吉報が舞い込んでくる」「予想外の人から連絡があって、ビジネスや交際が発展していく」「願っていたように事態が好転していく」「探し物が見つかる」というような外側からの動きがあったり。

「新しいアイデアが降りてくる」「やってみたいことを思いつく」というような、宇宙からのメッセージを受け取ったり。

素敵な"何か"が入ってくる理由

いったいなぜそんな"何か"が入ってくるのかというと、理由は**"周波数"**にあります。

人は常に**振動**していて、そのときの状態に応じた周波数の波をいつも発しています。

忙しいときは"忙しいモード"の周波数の波を、リラックスしているときは"リラックスモード"の周波数の波を出しています。

で、リラックスしているときに出している周波数のほうが穏やかで余裕に富んでいるから、そのときに必要で有益な情報に**アク**

セスしたり、**ダウンロード**をしたりしやすいのです。

要は、身体がゆるむと潜在意識までゆるんで、リラックスモードの周波数が出るため、素敵な出来事を引き寄せたり、有益な直感が降りてきやすくなったりするというわけです。

だから多少時間やお金を使うことになるかもしれないけれど、あなたの身体をリラックスさせて、ゆるめてあげてほしいのです。身体をゆるゆるにできれば、その対価はあなたの現実に直接的な形となってちゃんと現れますよ。

身体を今すぐゆるめられる、超絶簡単な方法

ではどのように「ゆるめる」のかというと、やり方は超簡単。今すぐその場でやってみてください。

①「私、今からゆるみま～す」と宣言する。

②「もういいや～。全部おまかせしま～す」と信頼して肩の力を抜く。これだけです。

このように身体をどんどんゆるめることで、潜在意識も効率よくゆるめていきましょう。

「潜在意識を開ける」「オープンにする」とイメージをするのもおすすめです。

「余裕が生まれると、勝手に進む」。これもこの世の仕組みです。

「ちょっと最近忙しいな」「結構詰め込みすぎだな」と感じる人は、暇な日や暇な時間をつくって身体をゆるめられたら理想的です。

一方「最近わりかし暇だなあ」「いやいやずっと暇なんだよ」という人もいるかもしれません。

それは全然悪いことじゃありません。だって、ゆるみやすく

なっているでしょう（自覚をしていなくても、すでにゆるんでいるかもしれませんね）。その調子でご機嫌に過ごしていたら、きっとすんごく素敵な何かが降りてくるはず。そのまんまキャッチしてみてくださいね。

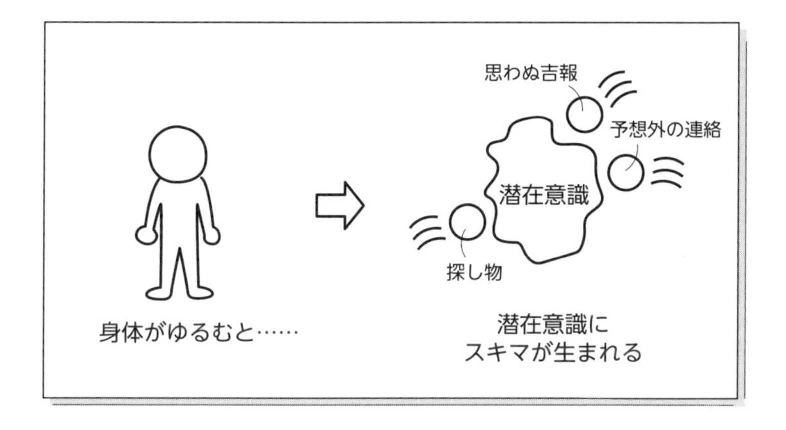

46

quantum
mechanics

身体と潜在意識の関係③

身体を休めることで現実世界を守れる

身体を“ゆるめる”ことは大事です。もちろん“ゆるめる”どころか、しっかりと休息したり、睡眠不足を解消したり、睡眠の質を上げたりすることも大事です。まあ“ゆるめる”の究極形が睡眠ですよね。

潜在意識が身体と直結していることは、物理的に明らかになっています。だから、**身体の疲労回復をしたり、不調を治したり予防したりすることは、潜在意識を大事にするのと同じ**なのです。

体調が悪いときに仕事がはかどるわけがない

もちろん、それはみなさん経験的にご存知ですよね。

たとえばちゃんと食べてちゃんと寝ると、身体はやっぱり落ち着くし、元気になります。いわゆる“いい状態”になりますよね。仕事の能率だって、睡眠不足のときとそうでないときは雲泥の差があるはず。僕なんて、あんまり眠れていないときは、ぜんっぜんダメです。パソコンで資料をつくるペースなんかも各段に落ちますしね（笑）。

だから、好きなものをおいしく食べて、しっかり眠る。そんな基本的なことをしっかりと守っています。

もちろん、突発的に何かが起こって生活リズムが一瞬乱れることだって、そりゃあります。人間ですから。でも、普段は**「ちゃんと食べてちゃんと寝る」**を貫いていると、半ばオートマチックに現実は好転していくはずです。

これは単純なんですが、本当に“使える仕組み”であり、“裏切らない仕組み”。だから、あなたも日々忙しいし、いろんなことがあるでしょうが、ちゃんと食べてちゃんと寝ましょう。

休息は潜在意識のためでもある

そして、明らかに「うまくいかねー！」というとき。「面白くない！」「ワクワクできない！」というとき。そんな時期は、通常よりもっともっと、**休息**を大事にするようおすすめします。
「喧嘩した」「大きなミスをやらかしてしまった」「何もかもいやになった」「逃げたい」「どうしたらいいのかわからない」。そんなときも同じです（最低限の連絡とか、やるべきこと、歯磨きなどは終えてから眠ったほうがいいかもしれませんね）。

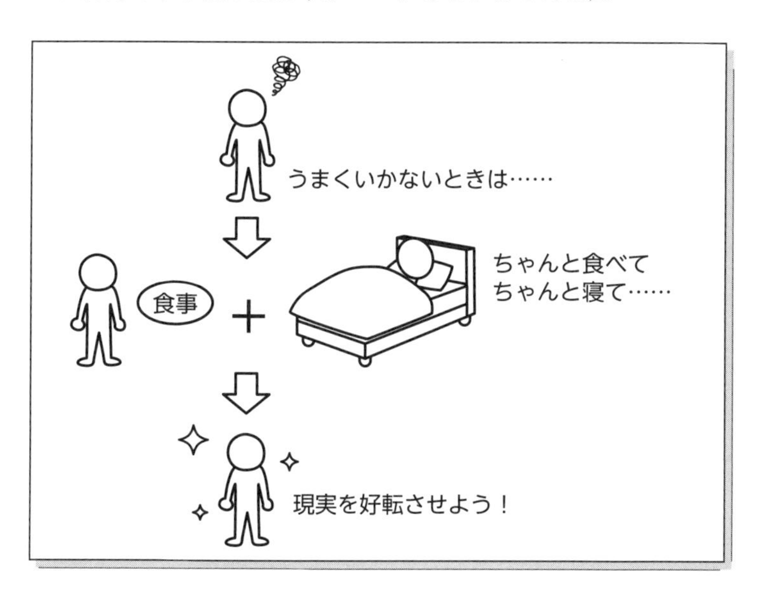

ここは誤解していただきたくないポイントなのですが……。

僕がいいたいのは「責任（任務）を放棄しちゃえ」「義務から逃げちゃえ」「サボっちゃえ」ということじゃありません。やるべきことをやって、手を尽くして、家に帰ってきたら、ネットサーフィンを始めたり、動画をえんえん見始めたりするんじゃなくて、**「身体を休め、心も切り替えたほうがいい」**ということなんです。

だって、気持ち（顕在意識）が明らかによくない状態なのに、その根っこにある潜在意識のコンディションがいいわけがないでしょう？ そんな状態で活動を続けても、現実世界がよくなるわけがありません。疲弊した潜在意識が、現実世界にそのまま反映されますからね。

あなたのネガティブなエネルギーが、現実世界の素粒子に当たった場合、物質の粒もネガティブな状態にしか確定しません。

わかりやすくいうと「泣きっ面に蜂」みたいな負のスパイラルに陥るだけです。

それなら、いっそ休んじゃったほうがよっぽどいいはず。

たとえば、めちゃ機嫌の悪い状態で、誰かに電話をかけて話しても。相手に優しい言葉なんかかけられるわけがないし、ちょっとしたことで言い返したりして喧嘩になってしまいそうでしょう？

だから、そんなときはアクションをやめて、お風呂でも入って、好きなものを飲んで、とりあえず休むのが吉なんです。

ガンバリズムより、ネムリズム（笑）

かくいう僕も、昔はじつは**“休み下手”**でした。仕事が立て込んで、体調を崩していても「会社は行かなきゃいけないんだ！」というマインドでムリしていたし。「疲れたくらいで休むとかありえない」なんて、謎のスパルタ精神で生きていました。
でも今振り返ると**「あのガンバリズムって、あんまり意味がなかった」**と思うんですよね（笑）。

疲弊した状態のままムリして頑張ったって、効率なんて大して上がりません。場合によっては、逆にろくでもない結果になったりすることもよくありました（笑）。つまり、あの"頑張り"は無意味。「大変な状況だけど、頑張ってる俺」的な自己満足にすぎませんでした。

もう、疲れたら休む。だめなときは寝てる。それが最も理に適っています。
自分の身体の声を聞いて、尊重する。絶対ムリをしない。これは"当たり前"です。この世でいちばーん大切なのは、あなた自身なんですから。

ちょこっと昼寝ができれば最高

そして「人生の大変な時期」に限らず、平素からあなた自身を守るために、おすすめしたい習慣があります。**"お昼寝"**です。
「怠けてる」「ダラダラしてる」「大人なのに」とか、とにかく何をいわれようが昼寝をするのは、じつはものすごーくいいことです。昼寝をしないほうが、効率が落ちることもわかっています。
これについては、さまざまな実験結果が出揃っています。

アメリカ航空宇宙局（NASA）の研究では、26分の昼寝で、認知能力は34％、注意力は54％も向上するとされています。
また**グーグル、アップル、マイクロソフト**などの一流企業が仮眠スペースや快眠マシンを導入しているのは、よく知られた事実でしょう。

アメリカの社会心理学者**ジェームス・マース博士**は、日中の短時間の睡眠を**「パワーナップ（積極的仮眠）」**と名付け、仕事などのパフォーマンスを高める習慣として紹介しています。

パワーナップ（積極的仮眠）がもたらすメリット

- 疲れがとれる
- 判断力・理解力・集中力が上がる
- やる気が上がる
- 自由な発想が生まれやすくなる
- 作業効率が上がる

など

NASA 宇宙飛行士の睡眠実験の結果

昼食後の短い仮眠で……

認知能力 34% 上昇　注意力 54% 上昇

スペインには**「シエスタ」**という習慣が定着していますね。お昼ご飯を食べたあとに、みな10〜15分くらいお昼寝をするという習慣です。

このシエスタの効果も数多く実証されています。たとえば午後からの仕事の効率が上がったり、記憶力も上がったり。またシエスタをすると**「シータ波」**という脳波も出やすくなるそうです。

このシータ波領域に入ると、いわゆる**「ゾーンに入る」**状態になります。ひらめきやすくなる、すなわち直感が冴えわたる状態です。お昼寝とは一見真逆な感覚を覚えるけど、本当です。

実際僕もよくシエスタをしていますが、そのメリットを体感しています。午後からの効率が格段に変わるし、ゾーンに入りやすくなる感じもよくわかります。

今日から罪悪感を捨てて、ばっちりお昼寝しちゃいましょう。

疲れた態度で働き続けてミスを連発したり、周りからの印象を下げたりしたら、もったいないでしょう？

それに「身体を労わることで、評判が下がるのを防いだり、メンツを保ったりできる」、つまり現実世界を“守る”こともできるんですから。

47
quantum
mechanics

身体と潜在意識の関係④

身体を鍛えれば、潜在意識も鍛えられる

顕在意識や思考にアプローチして潜在意識を変えたりいい状態にしようとすると、相当大変です。でも身体から潜在意識を調整するのは、案外簡単。なにしろ身体と潜在意識は**完全に直結**しています。

だから、身体を動かせばいいんです。それが一番わかりやすくてやりやすいでしょう。

身体へのアプローチが驚くほど有効な理由

身体を変えると潜在意識もおのずと変わります。身体を鍛えると潜在意識もつられて鍛えられます。

運動をすれば、血流やリンパなど、体内のいろんなものの巡りがよくなって、体調も改善して健康になります。

そうすると直結している潜在意識もどんどん状態がよくなっていくわけです。

昔から**「健全な精神は健康な身体に宿る」**なんていわれますが、その通りなのです。

極端な話、たとえば思考がネガティブなとき、イライラ、ウジウジしちゃってるときだって、身体を変えればちゃんと潜在意識に影響が及びます。もちろんいい影響ですよ。今までの経験から、あなたもそう感じたことはありませんか？

筋トレのように、習慣化してしまおう

そして運動のもうひとつのメリットは、**習慣化**ができる点です。思考を習慣化するといってもピンとこないかもしれません。でも「身体を動かすこと」なら「毎日この時間に3分間だけやる」とか「1日10回は必ず実践する」などと決めてしまえば続けられるでしょう。だから、運動は最強なのです。

ウォーキングでもラジオ体操でも小顔体操でもヨガでもピラティスでもなんでもOK。運動の習慣化に挑戦してみてください。何事も実験ですから。

とにかく、運動の種類もやり方も頻度も問いません。あなたに合った方法、あなたが好きな方法、あなたが続けられる方法で「いえ〜い♡」と少しだけテンションを上げながら、運動を習慣化してください。定期的に身体を動かすと、潜在意識が一気に整いますから。するとそれは現実にもしっかり現れてきます。

もちろん僕にも運動不足気味だった時期はあります。でも、筋トレの習慣化に成功したこともあるんです。筋トレは、やり始めると結構オモローなんですよね。やったらやった分だけ自分の身体が実際に変わっていくし、見た目も体調もよくなったりします。

自分でその違いを実感できるし、人からも「なんか変わったよね」なんて言われるもんだから、うれしくなってまたやり続けてしまうんです。楽しいから続けられるんです。

筋トレについていうと、結局は**「自分の身体への物理的な入力を変えた」**と形容できます。今まで何にもしていなかったところに筋トレをして「鍛える」という入力をし始めたわけです。するとそれに肉体が応えて、変化してくれたということ。だから変わりたければ入力を変えればよいのです。

体幹と脳を鍛えて受け取る準備をする

他には、体幹を鍛えて安定させておくのもおすすめです。すると直感を受け取りやすくなり、願望実現に向けてのよりよい行動が増えていきます。

そもそも“直感”とは気のせいでもオカルトでも何でもなくてあなたの脳の真ん中あたりに情報を持った素粒子がやってきているという物理現象です。理由も根拠もある科学的な作用なのです。だからそれを受け取りやすく認識しやすいようにするためには、やはり普通に“物理的な準備”をしておけばいいわけです。つまり体幹を安定させたり、**脳**（**松果体**／190ページ）を活性化させたりすればいいのです。それで、より直感的になれます。

たとえば体力をつけたり身体を鍛えたりするためにやる体幹トレーニング、脳を鍛える脳トレなんかもめっちゃ有効です。スピリチュアルなアプローチや“不思議なこと”などが必要なのではなく、物理的に、肉体的にトレーニングをしたり鍛えたりすることで、あなたのもとにはジャンジャンバリバリ（笑）直感がやってきます。

仕組み化すれば習慣化ができたも同然

そして筋トレにせよ、体幹トレーニングにせよ、あらゆることに当てはまりますが「続ける」ことは超絶大事です。僕の経験上も、本当にその通りです。とにかく続けること、継続すること、習慣化することがすべてです。

集中して続けると信じられないスピードで信じられないレベルの結果につながります。それは物理的な実験や計算でも実際に出ています。“続けること”は、現実世界に**スーパーメガトン級のでっかい結果**を連れてきてくれるのです。
じゃあ、いったいどうやったら続けられるのでしょうか。

よく「続かないんです」「継続ができないんです」という相談をいただきます。そのお気持ち、よくわかります。だって僕も、過去に何度も「続けられない」と悩んできましたから。
それこそ“運動”のよさについては熟知しているけれども、どうしても続けられない時期もありました。一方で、ずーっと続けられていることもあります。その違いは何かというと、**「仕組みとして“習慣化”できているかどうか」**です。

習慣化とは簡単にいうと「毎日の生活の中に意図的に組み込むこと」。あなたは多分、歯は毎日磨くでしょ？トイレも行くよね？ご飯だって食べるしお風呂だって定期的に入るでしょう。それらは「暮らしに必須の営み」として習慣化されているわけです。だからそこに同じように組み込めばいいんです。

たとえば朝起きたらすぐにストレッチ運動をするとか、歯を磨いたらそのあと必ず運動するとか、通勤時には職場の1駅前で下車してウォーキングするとか。今までの習慣に合わせて、その前後に続けたいこと、身体を動かす予定を組み込むのです。するとだんだん続けられるようになってきて、それ自体もまた新たな“習慣”になるから、今度は**「それをしないと逆に気持ち悪い」**と感じるようになっていきます。そこまでいけば、軌道に乗ったようなものですから、ラクに続けられるようになります。

このように身体での入力を習慣化しましょう。続けましょう。それはきっと本当に価値ある素敵なものをあなたのところに連れてきてくれます。

行動しないと何も起こらない、何も変わらない

踏み込んでいうと「身体を鍛えたい」と願うことと、「意識を現実化したい」と願うことはよく似ています。どちらもまったく同じ気がします。

僕の経験でいうと、現状に満足していない時期、それを「変えたい」と悩んでいただけのときもありました。

でも「変わりたい」と願うだけでは、現実は絶対に変わらないのです。物理的にもそれは理に適っていないわけです。

だって“入力”を変えていないわけですから。

その後量子力学を知り、この世や宇宙の本当の成り立ちや仕組みを知って、そのおおもとになる意識が変わると、この現実世界に対する見方もアプローチの仕方もおのずと変わってきました。そして、その理論を踏まえて今までとは違う行動が取れるようになったのです。

場合によっては**「今までとは真逆の行動」**になったりするのです（これは結構あることだと思います）。

つまり意識と実際の物理的な行動の両方で、入力の方法が変わっていくということ。するとそれは現実に少しずつ変化をもたらしていきます。

筋トレで身体が変わっていくかのように、やがて少しずつ少しずつ現実に変化をもたらしていきます。

最初はそんなに気づかないくらいの変化でも、それを繰り返しているといつの間にか全然違う現実の中にいたりするようになっていきます。

実際、僕はそのようにして自分の人生を少しずつ、でも着実に変えてきました。時間はかかりましたが、自分が本当にやりたい

こと、大好きでたまらないことで生きていくことができるようになりました。
今、振り返ると違う行動をとって本当によかったと思います。

だから変わりたければ**入力を変える**こと。筋トレと同じで実際に行動しないとなにも変わりませんからね。そう気づくと筋肉痛だってうれしいものですよ。
さあ、レッツ行動!!

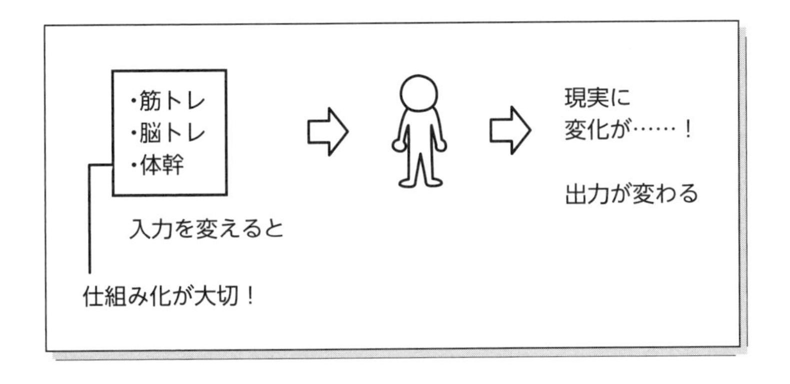

48
quantum
mechanics

身体と潜在意識の関係⑤

その呼吸、理想の自分にふさわしい？

「まこちんに運動をすすめられちゃったよ。まじか……」「今は仕事が忙しくて、運動を習慣化しようと思っても挫折しそう」。
そんな声も聞こえてきそうです。そこで、ハードルを下げたご提案をしておきますね。

呼吸は自分でコントロールできる

潜在意識を整えるには「呼吸をもっと意識すること」。
どうです？ これなら受け入れられるでしょう？ だって「呼吸をしない人」なんて、ひとりもいませんよね。
どんなに忙しくても、しんどくても、落ち込んでいても、無意識にやっちゃってる。というか、やらないわけにはいかない。それが呼吸ですから。
ありがたいことに、呼吸とは肉体の生命活動の中でも**自覚的に介入できる**、数少ないポイントなんです。

たとえば僕が**「今すぐ心拍数を速めてください」**とか**「今すぐ腸の蠕動運動をしてください」**なんて、あなたにお願いしても、まず不可能な話でしょう？ だって、それらはコントロールができない人体の働きですから。
でも**「今すぐ深呼吸をしてください」**というお願いなら、即聞き入れてもらえるはず。
呼吸なら、誰でも、いつでも、どこでも、自分で都合よくコントロールできますからね。
そんな便利な“呼吸”を使いたおしましょう。

で、ここで人生の大原則。
コントロールできないことは、潔くスルーすることです。どう頑張ってもムリなのですから、さっさと手放せばいいんです。
反対に……。“呼吸”のように「コントロールできる」とわかっていることがあるのなら。自分の全可能性を賭けて、集中して取り組んでいきましょう。

呼吸は随意運動でもあり不随意運動でもある

ちなみに、自分でコントロールできる身体の運動を、医学用語で**「随意運動」**といいます。
読んで字のごとく、自分で意識しながらできる運動のことを指します。自分の意思や意図に基づく運動のことです。たとえばスポーツをするとき、階段を上ろうと思って脚を上げるとき、話をするときなどです。
これらの運動をする際は、それに最適な筋肉が動くよう脳から指令が出されているのです。

一方、自分の思い通りにならないアンコントローラブルな身体の運動を**「不随意運動」**といいます。意識せずとも身体が行ってくれている運動のことです。本人の意思とは無関係に、筋肉が勝手に収縮して動いている運動をいいます。たとえば、心臓の拍動や、食事の際に唾液や消化液が分泌されること、腸の蠕動運動などです。

「じゃあ、呼吸って随意運動か不随意運動か、どっちなの？」
そんな質問が飛んできそうですが、答えは「どっちともいえる」んです。
　睡眠時も含めて、通常は不随意運動ですが**「深呼吸をしよう」と意図した途端、随意運動に切り替えることができます。**
　……呼吸って、なかなかオモローな働きですよね！

　だから、あなたが思いついたときに、潜在意識に好影響を与えるような**随意運動の呼吸**を繰り返してください。
　具体的にいうと、**深くて、ゆったりとした呼吸**です。

　焦ったり、困ったりしているときって、いつの間にか呼吸が浅く短くなってしまいがちでしょう？
　逆に安心したりリラックスしたりしているときって、おのずと呼吸はふかーく、ゆっくりになっています。それこそが理想の呼吸なのです。
　理想の呼吸をする時間が長くなると、通常時の不随意運動の呼吸まで、だんだんとレベルアップしていきます。
　1日を通しての**全体的な呼吸の質**が上がれば、**潜在意識は当然整っていきます。**

「呼吸は、潜在意識への入口」という言葉があります。
「呼吸は、非物質世界の“あの世”に直接つながれる」という説もあるほどです。
　僕が主催する講座でも“呼吸”の有効性の説明についてはかなりの時間を割いています。
　呼吸はそれだけ大切なもの。手軽にできるし手間もかからない割に、現実に多大な影響を与えてくれますからね。
　だからあなたも気づいたときに、意識的に呼吸をしてみてください。

あなたの身体で感覚をつかむことが大切

呼吸法については、さまざまな情報が出回っていますが、難しく考えすぎることはありません。

たとえば「“吸って吐く”を◎秒間繰り返そう」などのルールに縛られることもありません。

あなたに合っているやり方がいいんです。

あなたが気持ちいいと感じるやり方が、最高なんです。

ちょっとだけ意識して、大切に呼吸をしてみてください。

面白いのは、あなたがどんな状態でも、どんな思考をしているときでも、どんな感情でいるときでも構わないということです。

イライラしていようが、切羽詰まっていようが、緊張していようが、効果は必ず現れます。

もちろん「満ち足りた感情のとき」に幸せを噛みしめながら行ってもいいんですよ。

呼吸を意識的に深く、深くゆっくり、ゆったり。そう変えると、その場ですぐに少しリラックスできるのはもちろん、長期的に見るとその“いい呼吸”の状態にふさわしい現実にどんどん近づいていくことになります。

これが物理的に身体への働きかけで潜在意識を整え、意識を現実化していく仕組みです。基礎的なところから、くわしくご説明していきましょう。

理想の自分から逆算すればいい

結局のところ……。人って、よくよく考えると、ぜーんぶ身体で体感するしかないんです。

“心”や“頭”じゃなくて“身体”がメインなのです。

悲しい感情も寂しい感情も嬉しい感情も幸せな感情も、ぜーーんぶ身体で体感しているはず。というか、それしかできないでしょう。物理的には、**身体がその状態になって感情を体感しているん**です。

悲しいときは悲しい身体の状態。
寂しいときは寂しい身体の状態。
嬉しいときは嬉しい身体の状態。
幸せなときは幸せな身体の状態。

で、そうやってあなたはいつも、いろんな感情を体験しているわけです。

この事実を逆から考えると、現実や現状がどうであれ身体の状態を“願いが叶ってる自分”や“理想の自分”と「同じにしちゃえばいいんじゃない？」ということです。

つまり身体の状態だけでも、理想の自分と同じように先取りしてしまうのです。

理想の自分がどんな状態かわからない場合。**妄想**を炸裂させればいいんです。夢が叶ってるあなたは、どんな姿勢で歩いている？

めっちゃ幸せなあなたは、どんな表情で、どんな言葉を使っている？

どんなことを考えて、どんなところに行って、どんな匂いをかいで、どんなものを食べて、どんなことを感じている？　そして「夢が叶ってる私って、どんな呼吸をしているのかな」と自由な発想を楽しんでください。

身体で**「こんな風かな」「もっとゆったりかも」**などと楽しみながら探っていけばよいのです。

それも、量子力学を使いたおす訓練のひとつ。

理想の自分を思い描き、理想の呼吸を繰り返すうちに“今のあなた”は理想の自分に自動的に近づいていきます。

ほら大事なのは、あなたの身体の状態。今がどうとかまったく関係ないんです。

先に味わっちゃって。先に感じちゃって。

そしたらさ、もうそれでいいじゃん(笑)。

いや本当に、物理的に見て、もうそれでいいんですよ。

49

quantum mechanics

身体と潜在意識の関係⑥

「言葉」という"入力"の手段を変えてみる

"呼吸"と同様におすすめしたいもうひとつの入力の手段が"言葉"です。「その呼吸が理想の自分にふさわしいか」を問うのと同じく「その言葉が理想の自分にふさわしいか」見直しましょう。

ネガティブな言葉は、使用禁止!?

「私、言葉遣いなら完璧だけど?」

そんな反論も聞こえてきそうです。確かに、お仕事をバリバリされている方、ある程度の年齢を重ねた方なら、美しく丁寧な言葉を話されていると思います。

でも、ここでいう"言葉"とは「美しさ」とか「丁寧さ」とかの問題じゃないんです。わかりやすくいうと**「ポジティブな言葉」がOK**で、**「ネガティブな言葉」がNG**です。

たとえば「私って、ダメね」「うまくいかない」「もう最悪」「ムリ」「イヤだな」。このようなテンションが下がる言葉です。

もちろん謙遜や社交辞令で使わざるをえない局面もあるでしょうけれど、使用禁止にしてほしいのです。なぜなら、僕らの口が発した言葉は、本人の潜在意識に直接影響を与えてしまうから。つまり「ダメ」「最悪」「ムリ」などのネガティブ語の口グセがあった場合。それは潜在意識に直接的に反映され、身体に悪影響を与え、結果的にネガティブな現実がつくられていくことになります。その流れをくわしくご説明しますね。

言葉はどのように潜在意識に影響するのか

ざっくりいうと、人間とは微弱な電気信号で動いています。結構、電気仕掛けなのです。もちろん脳内にも電流が流れています。流れまくりです。何かを感じたり何かを考えたりもちろん何かを言ったときにも、脳内に強い電流が流れます。そしてこの電流は脳内をかけめぐり当然、脳幹にも影響を与えることがわかっています。

脳幹とは、主に本能を司る部分で、ダイレクトに潜在意識とつながっている場所です。つまりいつも口にしている言葉は、口から発せられると同時に電流となってただちに脳内をかけめぐり、潜在意識に直接影響を与えてしまうのです。「ダメ」「最悪」「ムリ」などのネガティブ語が電流となって、いつも脳幹に流れていたらいったいどうなるでしょうか。

反対に**「素敵！」「最高！」「いいね！」「楽しい！」「大好き！」「やった！」**などのポジティブ語が電流となって流れている脳幹と、どちらがいいか。どちらの潜在意識のほうが整っていくか、比べてみてください。

……どう考えても「ポジティブ語が電流となって流れている脳幹」のほうが、潜在意識に好影響を与えますよね。

言葉が潜在意識に伝わる流れを「電流」ではなく「波動」にたとえる説もあります。「自分で言った言葉が波動になって、周りに伝わったり、潜在意識にしみ込んでいく」という理屈です。

電流でも、波動でも、あなたが納得できる説を採用してください。そして、口グセをよりポジティブなものにしていきましょう。

“自分しかウケない言葉”でも全然いい

もっというと、万人が認めるようなポジティブ語でないものでも、あなたのテンションが上がる言葉ならOKです。「楽しくなるならOK」と捉えてください。

ここで僕の例を挙げておきます。僕の口グセのひとつに「**アゲリシャス**」という言葉があります。

「アゲリシャス」とはゼスプリのテレビCMに登場するキウイの2人組「キウイブラザーズ」が歌うフレーズに出てくる言葉なのですが、僕のツボにばっちりハマったんですよね。なんでも「気分をアゲる、デリシャスなキウイ」を指す造語なのだとか。

「アゲリシャス、アゲリシャス、アゲリシャス（笑）」

3度も繰り返せば、笑えてくるでしょう。

このように僕がポジティブ語の口グセを習慣にしているのは、どんなに疲れたときでも、しんどいときでも、すぐに実践できるからです。それに気分を一瞬にしてアゲられます。潜在意識が乱れたり落ちこんだりするのを早い段階で防いだり、整えたりできるんです。こんなありがたい話ってないですよね。だから暇を見つけると「アゲリシャスでオネシャス（＝お願いします）」とブツブツつぶやいてはニヤニヤしています。

もちろん、お笑い芸人さんの動画を観て爆笑したり、友人と楽しく話したりすることでも潜在意識は整うはず。でも、それって状況次第で「今すぐはできない」こともありますよね。だから、自分にとってのポジティブ語を口グセにするのが超絶おすすめなんです。手っ取り早いですから。

あなたも「望む未来の自分にはどんな言葉がぴったりくるかな」と探してみてください。たとえば**「安心」「充実」「豊かさ」**

「高揚感」「自由」「愛」……。このように、なるべく短くまとめたぴったりの言葉を見つけて（**複数可**）不安になりそうなとき、恐怖心が出そうなとき、緊張しちゃったとき。すかさずブツブツ何回もつぶやいてください（**脳内のつぶやきでも可**）。

思ってなくても、言うことが大事

類似の例としてよく知られているのが「ありがとうを◎万回いいましょう」という手法です。この手法は、目標回数を設定しているのが特徴ですよね。「◎万回をいい終えた頃、奇跡が起こります」という説を見聞きしたことってありませんか？

じつは僕、試したことがあるんです。そして、実際いいことが起こりました（笑）。

僕が会社を経営していた頃、**「5万回ありがとうを唱えれば、誰でも幸せになる」**と説いた本と出会いました。その時期はちょうど会社が傾きかけていたこともあり……。その本を見てカチンときたんです。「そんなんで幸せになれるんだったら世話ねえよ！」って。でも、量子力学の学びを深めていくうちに「めちゃめちゃ理に適ってるかも」という気持ちになって、試してみました。なにせ、会社はあるけど仕事がない状況ですごーく暇でしたから（笑）。

「自分が発する言葉を変えるだけなら、お金もかからない」と思い、ブツブツブツブツ唱え始めたら、人生が本当に変わっていきました。具体的にいうと、会社が強制終了して、いろんな人と出会って、いろんな人に応援をしてもらって、念願通り「量子力学を広めることを仕事にできた」という大きすぎる変化です。

で、やってみてわかったのは**「身体を使ってとにかく発語すれば有効」**ということです。心から「ありがとう」と思っていなくて、いいんです。極論をいうと「俺は信じないぞ」くらいの気持ちで「ありがとう」とつぶやいていてもOK。実際、僕はそうでした。生き証人です（笑）。

思い返すと「ありがとう」を5万回目指して唱えていた時期は、前述した「財布の中の所持金が1000円を切ったとき」（145ページ）と丸かぶりしています。今でも記憶していますが「1000円もないのに、誰にも感謝なんてできるわけねえだろう！」と反発しつつ「ありがとう」と唱え続けていたんです。だから**「“建て前”や“嘘”のありがとうでも全然OK」**ということになります。

どうでしょう、また一段と心理的なハードルが下がりましたよね。「ポジティブ語を唱えつつ、腹の中は真っ黒でもいいんだ」的な（笑）。決して褒められる態度ではないと思いますが、でもその通りなんです。脳が言葉をキャッチして、潜在意識に影響を及ぼしていくわけですから、「ありがとう」と言って実際に筋肉を動かすこの手法は極めて物理的な法則に則っているのです。

さあ、「『ありがとう』なんてマジで思えない」と追い詰められている人ほど、今すぐトライしてみてください。人生がどん底のときほど**「潜在意識はアゲリシャスでオネシャス！」**です。

（ポジティブ語を聞いているときの脳）

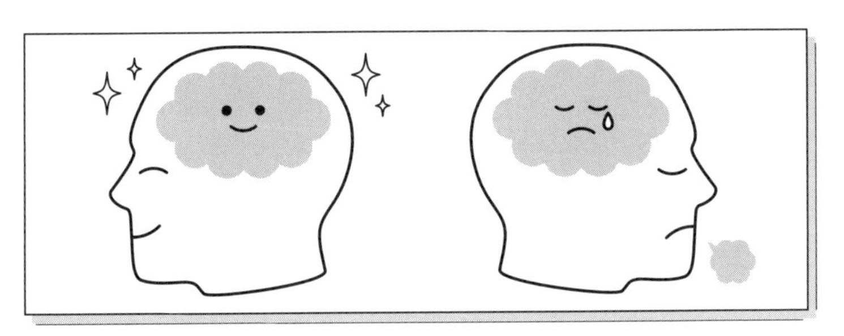

（ポジティブ語を聞く脳と、ネガティブ語を聞く脳）

（悪口、怒りなどネガティブな言葉ばかり聞いている脳）

（愚痴、悪口を言うことで脳に悪影響、潜在意識も乱れていく）

50
quantum mechanics

身体と潜在意識の関係⑦

「好きなこと」でも潜在意識は整う

今まで「身体をゆるめること」、運動、呼吸、言葉といった“手段”で潜在意識に働きかけることをご提案してきました。さらに「好きなこと」をしても潜在意識は整うというお話をしておきます。具体的にいうと、身体を使い、五感もフル活用して「好きなこと」をするというニュアンスです。なぜなら体の感覚、五感も潜在意識に密接に連動しているからです。

- **視覚**…好きなものや美しいものを見る（自然の景色、映画、ドラマ、“推し”を愛でるなど）
- **聴覚**…好きな音楽を聴く、友人や知人と話す（美しい言葉やうれしい言葉を聞くなど）
- **味覚**…好きなものやおいしいものを味わう（食事、お酒）
- **嗅覚**…好きな香りをかぐ（アロマテラピー、コーヒー、ハーブティーなど）
- **触覚**…好きな衣類、心地よい衣類、心地よい寝具に包まれる、マッサージやエステを受ける、パックをするなど。

どうでしょう、ここから何か1つくらいは「今すぐ、やりたい！もの」が見つかるのではないでしょうか。

「好きなこと」で自分の五感を楽しませる

潜在意識には不思議な性質があります。**「ただただ増幅する」**

という性質です。だから、ちょっとしたことでも「楽しい」「うれしい」「気持ちいい」と感じると、そんな意識が増幅するんです。水面に小石を落とすと波紋が広がっていくでしょう。それと同じです。逆に、小石を落とさなければ、水面は静かなままで何も起こらない。だから潜在意識にいい刺激を与えるつもりで、ちょっとした「好きなこと」を自分にプレゼントしましょう。

ポジティブな方面に潜在意識が増幅すると、それは必ず現実にも反映されます。

もちろん、職場で大きなトラブルに遭って疲れ果てて帰宅した瞬間は、顕在意識が不安や不快でいっぱいということもあるでしょう。そんなときも、あっていいんです。ただ、そこから自覚的に戦略的に**「好きなこと」**をして、身体を使い、五感をフル活用させて潜在意識を整えていきましょう。

僕だってもちろん意図的に「好きなこと」を予定に組み込んでいます。たとえばモータースポーツが好きだった時期は、「乗ってみたかった車たち」によく乗りに行っていました。それも結構、満腹になるくらいの距離、運転するんです。

五感でいうと……。車体のデザインや車からの景色を楽しむから「視覚」。エンジン音を聞くから「聴覚」。シートに座る感じや身体に伝わってくる振動が心地いいから「触覚」。いろんな感覚を同時に使って、楽しんでいました。

このように、好きなことって何でもいいんです。たとえマニアックなジャンルでもいいんです。**「自分の五感を楽しませる」**という目的のためなら、どんな趣味でも尊いものですから。

それに楽しい予定を立てると、「好きなことをやったるぜい！」とそれまでの時間もワクワクして過ごせるでしょう。それも含めて、潜在意識にプラスの影響を与えられます。

いい周波数の波を出そう

それはいったいなぜなのか。科学的にいろいろ説明ができるのですが……。最大の理由のひとつに**「波」**の問題があります。

あなたが「本当に好きなことをやっているとき」（本当に興味があることをやっているとき、本当にやってみたいことに取り組んでいるとき）。あなたの身体からは、目には見えない「波」（光のような特別な電波）が出ることがわかっています。

要は「楽しみまくっているとき」は、そういう種類の周波数の波を出しています。

反対に「つまらないと感じているとき」（退屈なとき）は、またそれなりの種類の周波数の波を出しています。

で、この「本当に好きなことをやっているとき」の周波数の波は、まわりのモノや人にぶつかって**物理的に直接、よい影響を与える**ことがわかっているんです。オモロー!!

一方、「つまらないと感じているとき」の周波数の波だって、同じことです。あなたがつまらなさを感じていれば、その周波数の波は、まわりのモノや人にぶつかって、ネガティブな影響を与えてしまうんです。

つまり、「本当に好きなことをやっている人」の身体からは、ポジティブな、特別な周波数の波が本当に出ていて、そばにいる人にぶつかって、その人もなんだか楽しい気分になったり、テンションが上がったりするのです。素敵な話ですよね。

要は「好きなこと」で自分の潜在意識は整うし、**周囲の人たちにも自動的に幸せになってもらえる**ということ。さあ、何をやってまわりの人を“勝手に”幸せにしていきましょうか。

“辞め上手”“手放し上手”になりましょう

とはいえ忙しくて、まったく時間がない場合。いったいどうすればいいのでしょうか。

その答えは明快です。「何をするか」と同時に**「何をしないか」**を決めましょう。それを手放して時間を捻出することです。

あなたの心や直感が「う〜ん」「あんまりなあ」「なんかイヤだな…」と感じること。違和感のあること。

それを無理して続けていると潜在意識にその違和感がいつしか広がり、それがそのままネガティブな方向に物質化したり現実化したりします。

そもそもそんな調子ではいつまで経っても「好きなこと」にまでたどりつけないでしょう。

じつは「すること」を選択するより「しないこと」を選択するほうが難しかったりします。

違和感を持っている事柄があっても、それをきっぱり手放せなかったりします。

それらは僕にもよくわかります。そんな経験はありますから。でも、それをきちんとやれば、現実が大きく動き出します。だからしっかりとやめたり、手放したりしましょう。

「お弁当箱」をイメージしてみれば、その意味がよくわかるはずです。お弁当箱って、入れられる量が最初から決まっていますよね。ウインナーばかり入れたらハンバーグが入らなくなります。全部ご飯にしたら、梅干し以外のおかずは入らなくなります。

まあ、実際そんなことをする人は珍しいと思いますが（笑）、僕たち人間は無意識のうちにそれとよく似たことをしてしまいがちなんですよ。

これは比喩になりますが、人生において「入るおかずの量」は決まっているんです。つまり**脳も潜在意識も情報処理能力も、気力も体力も時間も、容量が限られている**んです。だから「イヤなこと」なんて潔くやめましょう。

「イヤなこと」をやめると（それが自分にとって大きなことであればあるほど）お弁当箱にしっかりとスペースができます。それだけでも「他のものを入れなきゃ」という思考になるはず。
ですから、そこからまったく違うお弁当に進化させていくことができます。

イヤなことをやめると体調までよくなる

実際、僕も「イヤなこと」をやめたことがあります。
感謝して手放したんです。「ありがと、ポイッ」て（何かは秘密）。すると、新しく楽しいことが入ってきてくれました。そして、驚くべきことに……。しょっちゅうあった爪割れと口内炎がほぼなくなったんです（笑）。すごくないですか。

つまり**自分の身体に「イヤなこと」をやめさせてあげると、それが潜在意識にプラスの影響を与え、それがまた身体に好反応を及ぼして、結果的に爪割れと口内炎がなくなった**……。
僕はこう分析しているんですが、いかがでしょうか。要は、**身体と潜在意識は、双方向に見事にリンクしまくっている**ことになります。

あなたもどんどん“人体実験”を積み重ねて、その体験談を教えてください。

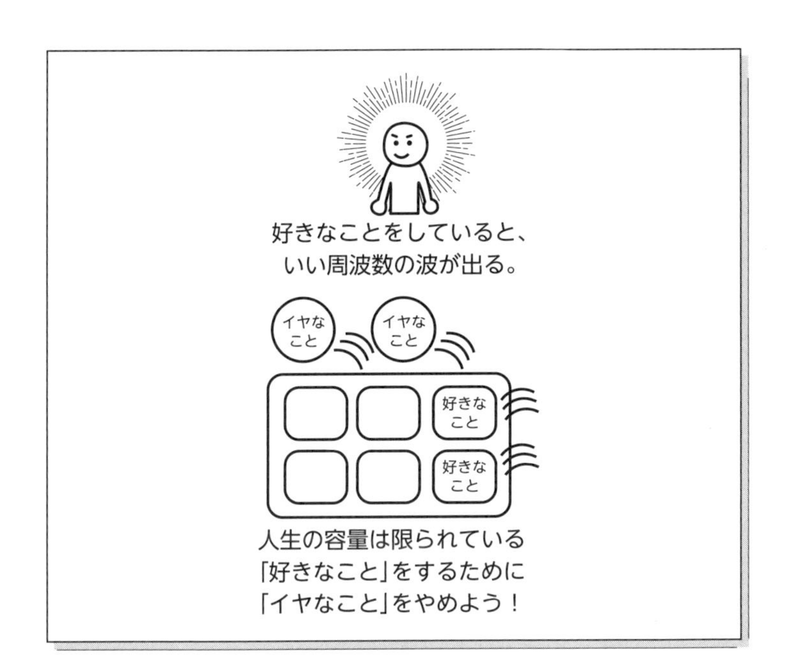
好きなことをしていると、
いい周波数の波が出る。
イヤなこと
イヤなこと
好きなこと
好きなこと
人生の容量は限られている
「好きなこと」をするために
「イヤなこと」をやめよう！

51
quantum
mechanics

「人間原理」で宇宙誕生？

絶妙な“微調整”に感謝しかない

量子力学が属するおおもとの学問“物理学”にはさまざまな理論があります。

僕も好きで文献をよく漁りますが、オモローな説と毎日のように出会います。

今まで「マルチバース理論」「身体と潜在意識の関係」についてお伝えしてきましたが、この流れでお話ししておきたいのが**「人間原理」**と**「バイオセントリズム理論」**です。

これらの説についても、初耳だという人が多いと思います。なぜならこの2つの説は「答えがわからなくても、実社会で普通に生きていける問い」を追究したものだからです。実際、答えはまだ出ていません。

でもこの考え方を知ることで、その視点の大きさや、この世の神秘性、そして根底に流れる愛に気づいて感動をしたり、人生観がポジティブに変わったりして、生きやすくなるはずです。

人間のために宇宙がつくられた!?

まず「人間原理」から見ていきますね。これはオーストラリアの物理学者、**ブランドン・カーター**が提唱した理論です。

人間原理とは「宇宙がなぜこのような宇宙であるのかを理解するには、僕ら人間が『現に存在している』事実を考慮に入れなきゃいけない」という考え方のことです。
「人間が存在するべく宇宙がつくられているんじゃないか」という概念を指します。
　わかりやすくいうと……。僕らのいる宇宙が、もし今のような条件の宇宙ではなかったとした場合。僕ら人間は存在しなかったんじゃない？という説です。

　たとえば地球の“大気”について考えてみますね。
　大気の組成がどうなっているのかというと、窒素が78%、酸素が21%なのだそうです。
　もちろん、普通に暮らしていたら、そんな数値になんて興味は湧きませんよね。でも、この大気の組成って、じつはものすごく絶妙な割合なんだそうです。

　酸素が、今よりももし1%ほど多くて22%だったとします。
　すると、**ちょっと手が触れただけで摩擦で火がついてしまう**らしいのです。
　反対に、今よりももし1%ほど少なくて20%だったとします。すると、**人は窒息死して生きてはいられない**らしいのです。
　つまり、今がベストオブベスト!!　これって、ありがたいというか、すごいというか“偶然”だとしたら驚異のレベルじゃないですか!?　うほほ〜！

　しかも、これだけじゃなくて他にも驚異の事実ってたくさんあるんです。
　僕らの宇宙にはいろんな自然界のルールや、物理定数が存在しています（物理定数っていうのは物質の状態に関係なく常に一定の値をもつ数式のことです）。それらも「今と少しでも違ったら、僕ら人間は存在しなかったんじゃないの？」というほど、やっぱり絶妙なんだそうです。

奇跡的なバランスで、宇宙は回っている

ここで基本的な４つの力（38ページ／電磁気力、強い力、弱い力、重力）のうち2つの力について見てみましょう。

1つ目は「電磁気力」と「強い力」の強さの比です。

もしも「強い力」が今より弱かった場合。電気的な反発力が相対的に強くなって、陽子は原子核の内部に入れなかっただろうとされています。

その場合、僕らの宇宙はなんと水素ばかりの世界になっていたはずなんだとか。そうなると、めちゃくちゃ単調な世界になってしまいます。

……あ、この話、ついてこれてます？

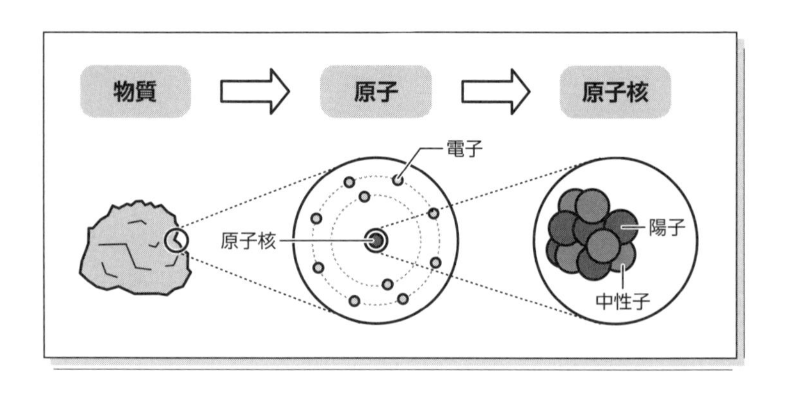

反対に、「強い力」がもし今より強ければ、陽子同士が結びついて、単独の陽子（＝水素）は早々に枯渇したといわれています。水素の存在しない宇宙って、想像もつきませんよね。

重力の強さもちょうどいい！

2つ目は**重力**です。

重力が今よりももし強かった場合。**太陽をはじめ、その他の恒星は押しつぶされ、今より小さくなっていた**可能性が高いようです。地球や他の惑星も、当然サイズダウン。そして表面での重力は強くなるため、われわれは自重で潰れてしまっていた……。そんな見方があります。

反対に、重力がもし今より弱かった場合。**天体のサイズは大きくなり、中心部の核融合反応はゆっくりになり、星の寿命は延びる**そうです。

でも、そうなると地球上に僕らは存在していないはずですよね。

通説とは真逆の人間原理

このように、物理定数が今の値と少しでも異なっていたら、僕らの宇宙は存在しなかったかもしれないし、僕らも存在しなかったかもしれないんです。

そんな"証拠"を見るにつけ、僕ら人類の誕生と進化のストーリーが根底から揺らいできませんか。

今までの科学者たちは「宇宙が偶然できて、地球が偶然できて、大気が偶然できて、水が偶然できて、環境が偶然整って……生命が偶然誕生して、うまいこと進化して人間になったよ」と考えるのが通常でした。

でも、絶妙な数値や条件が存在するんだとわかってくると、「いやいや、これって決して偶然じゃなくて、宇宙や地球、大気、水などができて、環境が絶妙に整ったのも、全部ぜえ〜んぶ人が生まれる前提で起こったことじゃね？」という新たな見方が生まれてきたんです。

それが「人間原理」という理論。カーターは、「人間が誕生し、あまねく進化していくという条件を満たすためにこの宇宙がつくられたんじゃないか」と唱えたのです。

量子力学でも説明がつく人間原理

カーターは、次のようなメッセージを遺しています。
「宇宙は（それゆえ宇宙の性質を決めている物理定数は）、ある時点で観測者を創造することを見込むような性質をもっていなければならない。はっきりいうと、強い人間原理は、宇宙はその進化のどこかで観測者を必ず生み出さねばならない。いい換えると、物理法則と宇宙の進化は、まだ特定されていない何らかの方法で、生物と心を生み出すように運命づけられている」

この理論は、当時の通説とは真逆でしたから非難された時期もあったんです。
でも冷静に見方を変えてみましょうか。
「見る人によって時間も空間も異なる」と説く相対性理論や**「観測者がいなけりゃ宇宙自体も存在しない」**とする量子力学とミックスして考えてみると、「たしかに人間原理ってほんとなんじゃゃね？」と整合性がとれるのです。

つまり、物理学という科学の世界は**「人間に優しい」**といえます。だって「あなたのために、僕のために、人間のために、そもそもこの宇宙は創られたのだ」と説いているわけですから、優しすぎますよね。

だからあなたが幸せになるのは超、超、既定路線だし**「予定調**

和」（207ページ）というわけなんです！

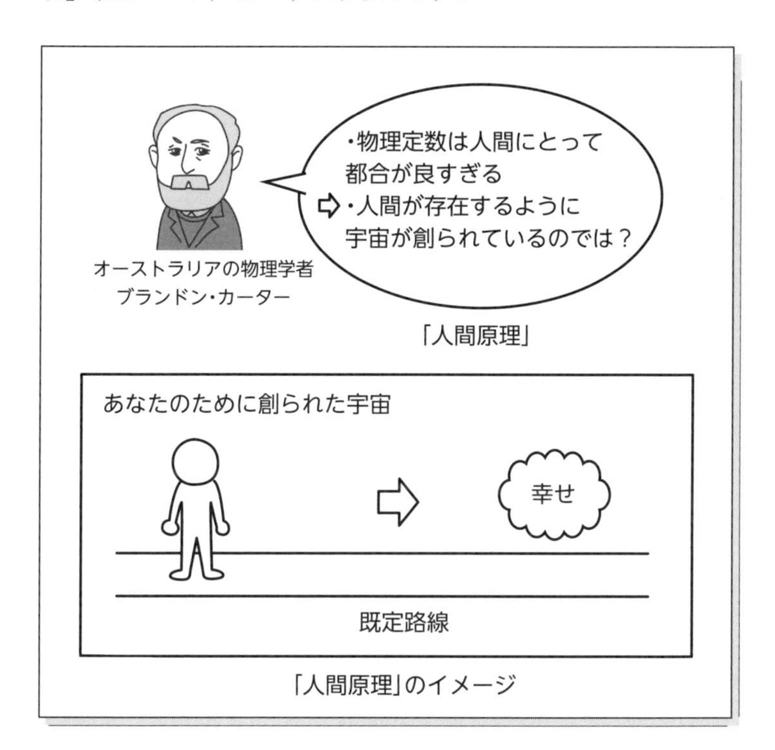

「人間原理」のイメージ

52

quantum
mechanics

「バイオセントリズム理論」

「意識こそが物質を生み出す」という仮説

前に見た「人間原理」と似た説があります。アメリカの医師・生物学者、**ロバート・ランザ博士**が唱えた「バイオセントリズム理論」です。ちなみにランザ博士は『タイム』誌の「世界で最も影響力がある100人（2014年度）」に選ばれたこともある再生医療の専門家です。

日本では、彼についての情報は残念ながらまだまだ少ないというのが現状です。

ランザ博士が説く**「バイオセントリズム理論」（生命中心主義）**とは「生命こそが宇宙の中心であり、物質世界や時間、空間などすべてがその生命に依存して存在する」という哲学的な観念です。

量子力学と通底する哲学的な理論

ランザ博士をはじめとする研究チームが2021年5月、科学雑誌『Journal of Cosmology and Astroparticle Physics』で発表した研究では、「時間や空間を含むあらゆるものの構造は、それを観察する者の知覚によってつくりだされた」と説かれています。

ランザ博士は「空間や時間は僕らの脳内の“情報の渦”の副産物であり、僕らの意識によって首尾一貫した“経験”へ編集される」「観察者は微視的なスケール、および大規模な時空間のスケールで、観察可能な量のふるまいに劇的な影響を与えることができる」などと説いています。また「日常の世界観の根本的な転換が必要」と指摘し、「観察者は最終的に物理的現実そのものの構造を定義する」と説明しています。

つまり**「意識こそが物質を生み出している」**というのがこの仮説の最大のキモなのですが、この点はまさに量子力学でいうところの**「観測者問題」**と見事にリンクします（「素粒子は、観測されると粒子としてふるまい、観測されないと波としてふるまう」という大原則のことです）。

ランザ博士によると、驚くべきことに“時間”も僕らの意識がつくり出したものだといいます。
そして「時間の一方通行性」の確立のためには**“記憶力のある意識的な生命体”**が必要だといいます。
難しいので超訳すると**「人類がもし地球上にいなかったなら、世界はよりシンプルになっていただろう」**ということです。

死後は時空を自由に行き来!?

余談ですが、さらに興味深いのは、彼の死後の世界観です。“時間”や“空間”は脳が世界を統合するための手段でしかないので、肉体を脱した意識は時空間を自由に行き来できる“新たな時間”を経験すると説いています。

現在、彼の説には批判も多くあります。それは実証的な証拠の裏付けがないからです。単なる主観であって、客観的な説明ができていないというわけです。
ただ彼のいう通り、僕らの意識がこの世のすべてを形づくっているならば、僕らの世界観は根本的に変わります。「バイオセントリズム理論」、要注目です。

53

quantum mechanics

量子コンピュータの最前線①

“古典コンピュータ”と何が違うのか

「量子コンピュータ」について、見聞きしたことはありますか？
本書でも何度かその名は出てきましたが、いったいどんな原理で動いているのか。よくある“コンピュータ”とどこが違うのか。説明できる人は少数派でしょう。

量子コンピュータとは、その名の通り量子力学に基づいたコンピュータです。1982年に**リチャード・ファインマン**（25ページ）が発案した、夢のような高性能コンピュータです。
ちなみに彼は物理学のわかりやすい入門書『ファインマン物理学』や面白いエッセイ集『ご冗談でしょう、ファインマンさん』（ともに岩波書店）を出しています。ぜひ一度、探して読んでみてくださいね。

そして2019年にはIBM社がその開発に成功したため、実用化まであと数十年と予想されています。その恩恵はめちゃめちゃ多岐にわたります。
たとえばAIの高性能化、自動運転の精度向上、新薬開発の高速化、電気自動車の充電の高速化、地球温暖化の解決……。あらゆる分野の発展に寄与するはずと期待されています。

さらに**「多世界解釈の正しさが証明されるのではないか」**つまり「パラレルワールドが実際にあることが証明されるのではないか」といわれています（諸説あり）。いったいどういうことなのか、気になりますよね。

では量子コンピュータについて基礎的なところからわかりやすくお話ししていきましょう。

私たちが使っているパソコンは“古典”!?

まずは「古典コンピュータ」の仕組みから説明しますね。

「コンピュータ」と聞いたとき、多くの人は「Windows」「Mac」「Linux」などを搭載したコンピュータを思い浮かべるのではないでしょうか。このような一般的なコンピュータは、「量子コンピュータ」と区別するために**「古典コンピュータ」**（classic computer）と呼ばれます。なんだか違和感がありますよね（笑）。

古典コンピュータでは、情報の基本単位を「ビット」（bit＝binary digitの略）としています。それぞれを「0」か「1」の状態をとることで2進数で数を保って演算をします。

この数は「0」か「1」の状態を表すのですが、2つ以上の状態は同時に表せません。

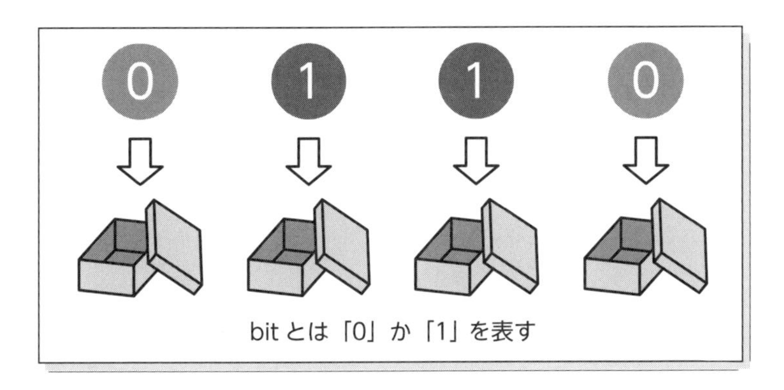

「重ね合わせ」はどう活かされている？

一方、量子コンピュータでは、状態の「重ね合わせ」という量子力学の基本的な性質を活用します。ここでいう「重ね合わせ」とは、**「2つまたはそれ以上の状態を同時にとれる」**ということです。本書では何度も出てきた言葉ですが、もうひとつたとえをご紹介しておきましょう。

「コインが回っている状態」をイメージしてください。

コインが「表」か「裏」か、決めようと思ったら。当たり前の話ですが、コインの回転を止めて、倒れた状態にしないとムリですよね。つまりコインが回転している最中は、「表」か「裏」かは未決定の状態です。このなんとも不確定な状態が「重ね合わせ」なのです。

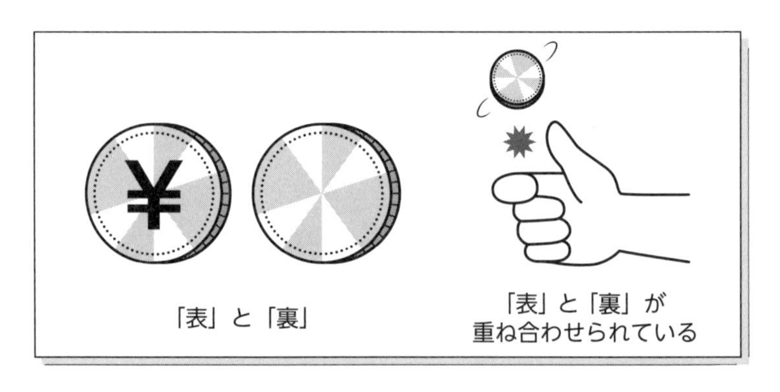

そんなコインの状態を言語化すると…。

「重ね合わせによって状態が2つ以上である」「コインは0でもあり、1でもあり、2でもあり、3でもある」ということになります。コインが回転を止めて倒れた状態で観測されてはじめて、表か裏かが観測されます。

下のイラストでいうと、箱を開けて観測された瞬間に「bitは2である」と確定します。

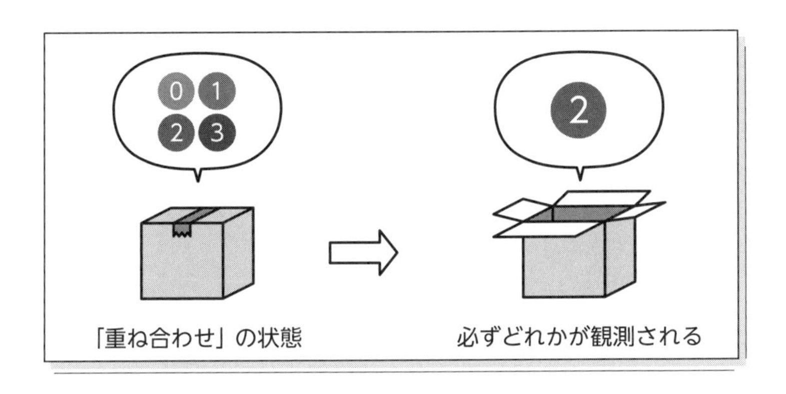

また観測前は、「0」「1」「2」「3」は確率的に「重ね合わせ」されている、と表現できます。そして**"確率的"**であるため、量子コンピュータでは観測するごとに結果は異なってしまいます。これぞ**「多世界解釈」**です（74ページ）。

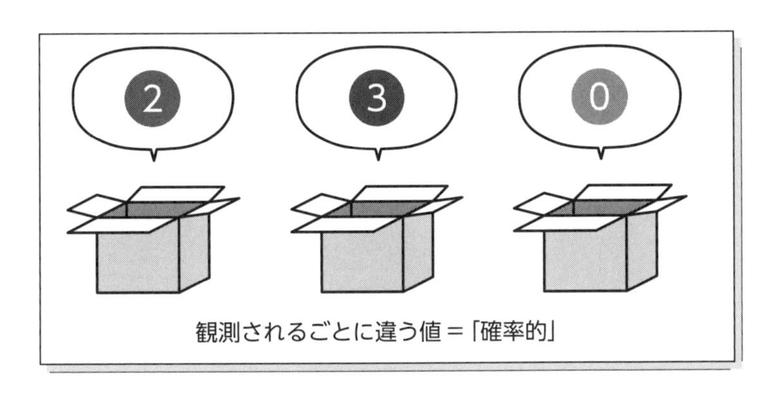

スパコンなら１万年、量子コンピュータなら200秒

そしてこのような重ね合わせによる量子コンピュータの情報の単位を**「量子ビット」**（quantum bit＝キュービット：qubit）といいます。

量子ビットの得意技は**同時計算**です。たとえば「n量子ビット」あれば、「2のn乗の状態」を同時に計算できます。仮にn=4とすると、4量子ビットあれば、16通りの状態を同時に計算できることになります。

近年の例でいうと2019年、グーグル社製の54量子ビットを持つ量子コンピュータ「Sycamore（シカモア）」が、スーパーコンピュータで約1万年かかる計算を、約200秒で解いたという報道がありました。

この「54量子ビット」というのは「2の54乗」という意味になります。噛み砕いていうと2×2×2…、つまり「×」の数が53個ある計算式が「54乗」です（笑）。こうなると答えは莫大な数字で15桁にも及び、スパコンの手にも負えないそうです。さらに恐ろしいのは、量子コンピュータならそんな計算式を同時に表したり、1回の計算ステップで扱えるということです。スゴい!!

量子コンピュータが多世界解釈の正しさを証明？

この同時計算というワザは、「重ね合わせになっているそれぞれのパラレルワールドで、別々に計算をさせる」という表現もできます。だから、量子コンピュータが広く実用段階になれば、多世界解釈の正しさが証明される、つまりパラレルワールドが証明されることになると注目されているのです。

だって考えてもみてください。

マクロな世界、それもコンピュータなんていう人が現実に

しょっちゅう関わる機械で、「0でもあり1でもある」という量子力学を代表するような「二重性」の性質が最大限に活用され、しかもめちゃ有効だということが実証されてきているんです。

それはつまり、量子力学が説く「素粒子の二重性」はそのまんま、**僕らの住むマクロの世界に作用している**といい換えられますよね。ここ、リアルな現実世界だって、「0か1か」の世界ではなく「0でもあり1でもある」、そんな世界なんです。

つまりあなたのまわりの素粒子たちは、あなたの意識によってふるまいを変えています。

そしてあなたは、重ね合わせの状態にあるたくさんの現実の中から、好きなものを周波数で選べるのです！

これからもっともっといろんなことが実証されて、わかりやすく使われていくようになりますよね。

イギリスの物理学者で、量子コンピュータの基礎理論を構築した**デイビッド・ドイッチュ**博士はこう述べています。

「量子コンピュータとは同時並行に存在する複数の世界で、同時並行に計算するものである」

「その能力の源泉は、膨大な数の並行宇宙で計算を分担する点にある」

つまり、**エヴェレットの「多世界解釈」なしには、量子コンピュータの発想もなかった**かもしれません。

実際のところ、古典コンピュータの計算能力をいかに高速化しても、量子コンピュータほどの仕事は到底できません。

通常「計算」といわれると、僕たちは反射的に「数学の領域の話でしょ」と思うじゃないですか。でも数学だけでなく物理、それも**量子力学的な手法で、情報を変化させるのが量子コンピュータ**である、と形容できそうですね。素敵。

54

quantum mechanics

量子コンピュータの最前線②

1回の計算で正解にたどりつく⁉

量子コンピュータの歴史をさかのぼってみましょう。その存在を世間に広く知らしめたのは、アメリカの理論計算機科学者・数学者**ピーター・ショア博士**の「因数分解アルゴリズム」とされています。

「従来不可能であった素因数分解をショア博士のアルゴリズムを用いて解決する方法を提唱した」となっています。

「15の因数分解なんて、私でも一瞬でできるよ」なんていわないでくださいね（笑）。もちろん古典コンピュータでも因数分解は可能です。でも、極端に時間がかかっちゃうんです。因数分解の計算は、円周率の計算などよりも格段に難しいと捉えてください。

ただ量子コンピュータでは、そうした複雑な計算を実用的な速さでメチャ速で行えます。だって「重ね合わせ」をとれるんですから…。

具体的に、どうやって計算しているの？

具体例を挙げてみましょう。たとえば**「掛け合わせて“35”に最も近くなる正の整数を2個探しなさい（ただし0〜7で）」**というお題を出した場合。

古典コンピュータでは「0×0」から「7×7」まで、すべてを丁寧に計算して正解を見つけようと試みます。

この問題の答えは「5×7」と「7×5」ですよね。

でもそれを見つけ出すためには、なんと**64回**もの計算が必要なのです。そりゃあ時間がかかります。

でも量子コンピュータなら**1回**の計算で正解が見つけられます。だから古典コンピュータとは桁違いの速度で計算ができるんです。

量子コンピュータと古典コンピュータの計算法の違い

例：掛け合わせて35に最も近くなる、2個の正の整数（0～7）を探す処理

古典コンピュータの計算

全パターンを繰り返し計算して
やっと解を見つける

0×0	0	0	0	×	0	0	0
0×1	0	0	0	×	0	0	1
0×2	0	0	0	×	0	1	0
5×7	1	0	1	×	1	1	1
7×5	1	1	1	×	1	0	1
7×6	1	1	1	×	1	1	0
7×7	1	1	1	×	1	1	1

量子コンピュータの計算

わずか１度の計算で
１個の解を見つける

01 01 01 × 01 01 01

5×7 **7×5**

古典コンピュータなら全パターンを計算して答えを見つける問題に…
量子コンピュータは１度の計算で正解できる！

この重ね合わせの状態、つまり「“0や1など複数の数字が同時に存在する状態”」が腹落ちしないという人は多いと思います。

でも量子力学の世界って「理由はわからないけれども受け入れるしかない」、そういう側面がありましたよね（笑）。

ショア博士によるこの因数分解の成功は2001年の話です。そして時代が進み、量子コンピュータの開発もさらに進んでいます。

「万能な方式」と「最適化問題が得意な方式」

現在の量子コンピュータの種類についても触れておきましょう。

主に**「量子ゲート方式（量子回路方式）」**と**「量子アニーリング方式」**の２つに大別されます。

まず「量子ゲート方式」とは、量子ビットの**「重ね合わせ」**や**「量子もつれ」**といった性質を利用するものです。

大規模な数値計算、素因数分解、データベース検索など、難解な問題に対しても**卓越した計算能力**を発揮することで知られます。「すべての問題に対応することができる万能タイプ」です。

一方「量子アニーリング方式」とは、**最適化問題**を解くための量子コンピュータです。エネルギー状態が最も低い状態**（最適解）**を探すことで問題を解きます。

たとえば運送ルートの最適化、ポートフォリオの最適化など、特定の問題や特に最適化問題をすさまじい速度で解けます。前に見た「巡回セールスマン問題」（140ページ／複数の地点を巡る最短経路を求める**「組合せ最適化」**の問題）は、この方式が得意とするところです。現時点で商用化されている量子コンピュータの中には、この方式を採用しているものもあります。

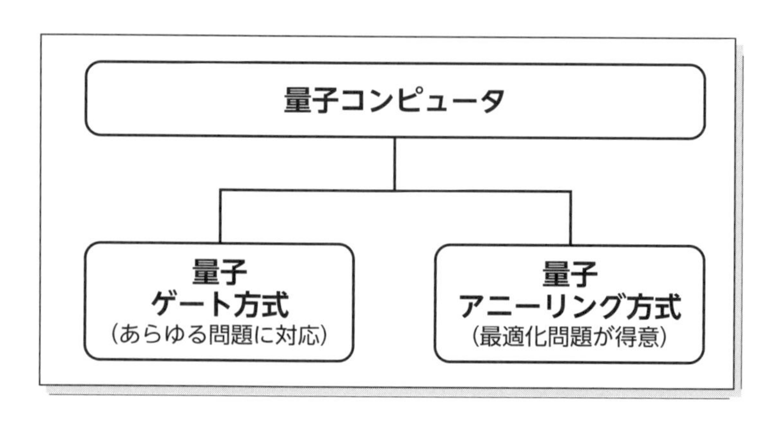

これからの課題は“温度”と“セキュリティ”

そしてどちらの方式の量子コンピュータにもいえることですが、今後の課題は、温度対策だといわれています。

量子ビットは電磁波や熱などのノイズに弱いので、絶対零度（－273度）近くの極低温環境が必須なのです。配線や周辺機器の収納の問題もあります。

そこまでかんがみると、実用性を備えた規模での実現はまだ遠いとみられています。

さらには、量子コンピュータを用いた攻撃に対抗するための新たな**暗号方式**や**セキュリティの開発**などの課題も山積みです。

特に大きいのはセキュリティ問題でしょう。

量子コンピュータが実用化されると「既存の暗号化システムが解読され危険にさらされる」という見方があります。一方で「量子コンピュータを用いれば、**新たな形の高度なセキュリティシステム**の開発を進められる」という指摘もあります。

つまり、量子コンピュータが高度になるにつれ、我々のデジタルセキュリティの未来も大きく発展できる可能性があるんです。

僕らの未来が激変するのも、もう時間の問題なのかもしれませんね。もう話の規模が壮大すぎて、オモローです!!

55 「超ひも理論」を紐解く

quantum mechanics

素粒子よりも小さな存在がある!?

最新の物理理論に超ひも理論（超弦理論）という仮説があります。これによると素粒子とは、じつは**「ちっちゃなちっちゃな“ひも”」**なんだそうです。

そして、宇宙に存在するあらゆるモノの違いは、その**“ひも”の振動**による違いなのだとか……。

つまり、この世のすべては“ひも”。あれもこれも、全部“ひも”。あなたもわたしも全部“ひも”。みーんな一緒。さらにいうと、もとをたどればみーんな1種類。みーんな優劣なんかないんです。

物質の最小単位は振動する“ひも”

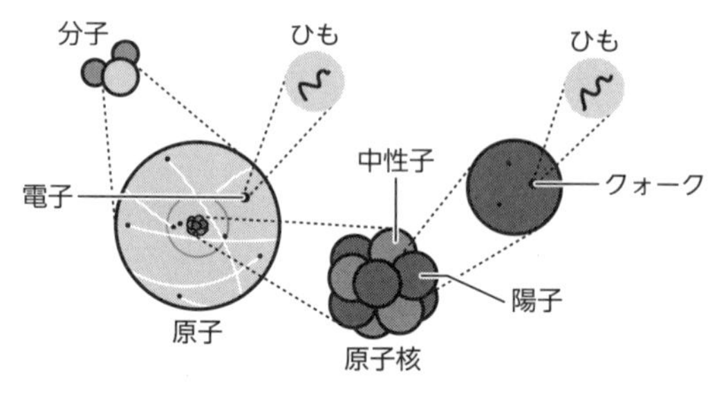

現在、電子やクォークが物質の最小単位だとされている。
標準モデルでは最小単位を大きさのない“点”として
捉えているが、超ひも理論では広がりを持つ
“ひも”だと考えている。ひもがある振動の仕方をすると
クォークになり、別の振動の仕方をすると電子となる。

（振動する「ひも」。素粒子より小さい説）

「なんだ最初っから、みーんな“ひも”だったんじゃん！ あははははは〜。じゃあ、望むような現実に暮らすのって、思ったよりもすごーく簡単な話なのかもしれないね」

こう書くとなんだか“お気楽”に感じられるでしょう。でも、実際“お気楽”に捉えていい問題なのかもしれませんよ。

ではここから大真面目に「超ひも理論」についてご説明していきます。

なぜか重力だけつじつまが合わない

物理学では「素粒子は大きさを持たない“点”である」と捉えてきました。そして1970年代には、素粒子を“点”とする前提のもとで**「標準理論」**という素粒子物理学の基本的な枠組みがほぼ完成します。しかし1980年代、標準理論に、ある問題が起こります。それは「重力」をどう扱うかという問題です。

そもそも宇宙（自然界）には4つの力が存在しましたね（38ページ）。「電磁気力」「強い力」「弱い力」「重力」。この4つの力です。現状の標準理論では「重力」を他の3つの力と合わせると、どうしても計算が合わなくなってしまうのです。しかし素粒子を「ひも」だとすると、驚くべきことに、つじつまがすべて合うんです。そんな流れもあり「超ひも理論」が注目され始めます。

南部博士は「先見の明」すぎた……!?

時代をさかのぼると、すでに1960年代後半、「超ひも理論」の原型である**「ハドロンのひもモデル」**という考え方が存在していました。これは**南部陽一郎博士**（18ページ）が考え出したアイデアです。当時、非常に斬新な説でした。

「ハドロン」とはいくつかの素粒子が結びついた複合粒子のこと

で、当時は「それ以上分割できない素粒子」と認識されていました。そこで南部博士は「ハドロンの正体は1種類のひもである」という理論を発表します。しかし「ハドロンを構成するのって、じつは複数の素粒子だよ」という理論が正しいとされ、「ひも」の研究は一気に廃れてしまいます。

とはいえ、その後も一部の科学者たちは「ひも」についての研究を続けました。そして1974年、「素粒子＝ひもと考えれば、重力を含む4つの力を同時に取り扱える可能性がある」とわかったのです。

やがて1984年。アメリカの物理学者、**ジョン・シュワルツ**とイギリスの物理学者、**マイケル・グリーン**により、従来の「ひも理論」の弱点をクリアする道が開かれ、「重力を扱える素粒子の理論」として「超ひも理論」が再び注目されます。
（専門的な話になりますが「超ひも理論」の「超」とは**「超対称性」**という考えを足したよ、という意味です。「超対称性」とは何かというと「異なるスピンを持つ素粒子を結びつける対称性」のことなんですが、難しすぎる話になりますので、スルーして先に進みましょう）。

ここまで「超ひも理論」の流れを見てきました。一部に人気が高い説ではあるものの、現在にいたるまで裏付けはまったくとれていません。超ひも理論が正しいという証拠は残念ながら「ない」と思ってください。

説明がつくのに、なぜ仮説どまりなのか

超ひも理論を裏付けることが、なぜそんなに難しいのかというと、最大の理由は「実験による検証が難しすぎるから」です。

なにせ“ひも”自体が小さすぎてリアルな実験ができません。ひものサイズは10^{-34}m。目で確かめることなど不可能でしょう。だから“仮説”なのです。

「科学」では、実験を通して理論の正しさを確かめることになっています。どんな理論を展開してもよいのですが、実験などで証明されない限りは“仮説”に留まってしまいます。

これからの科学の進歩に期待するしかありませんね。

「次元が余る」ってどういうこと!?

とても興味深いのは、この理論には「次元」の問題が絡んでくる点です。「超ひも理論」を成立させようとすると、3次元では次元がまったく足りなくなるそうです。研究の結果、**「10次元」**が必要ということがわかっています（ここでいう10次元とは「9次元の空間」と「1次元の時間」です）。

ただ、僕らが今存在している世界は、3次元しかありませんよね。ということは、「9－3＝6」で6つの次元が足りないことになります。そこで「9次元のうち6次元は小さく縮んでいて、人間には認識できない」という説明がされています。この「隠れた次元」を専門用語で**「余剰次元」**（余った次元）といいます。面白いですよね。

現在も、「超ひも理論」は、多くの科学者たちによって研究が続けられています。

1つの発見でイモヅル式に謎が解けることも

ここまで読んでいただいて「素粒子がひもだろうと、なんだろうとどちらでもいいんじゃないの？」と感じるかもしれません。

「量子コンピュータなら役立ちそうだけど、ひも理論が“正しい”とわかっていったい何になるの？」って。

でも、これが科学の面白いところで、1つのキーとなる事実が明らかになることで、それまでつじつまが合わなかった事柄がドミノ倒しのように一気に整合性がつくようになり、いろんな謎が解けて、科学が一気に発展することもあるのです。
この超ひも理論が、将来社会に役立つかといえば、まったくの未知数です。しかし、このような基礎的な研究が社会に役立っている前例はすでに数多く存在しています。

たとえば、この世界には4つの力があると説明しました。そのひとつである「電磁気力」は、以前「電気の力」と「磁力」という2つの異なる力と見なされていたんです。でもイギリスの物理学者の**ジェームズ・マクスウェル**（64ページ）が**「電気と磁気は同じものである」**と証明することに成功。それによってエレクトロニクス、電気工学が大いに進歩しました。
つまり、現代の便利な電化製品はおおもとをたどると、マクスウェルのおかげなんです。

また原子力エネルギーは「強い力」の研究から生まれました。それは核分裂の理論がちゃんと打ち立てられたからです。
「超ひも理論」の場合。ひもの“振動パターン”によって素粒子の種類が決まると言われています。ですからそれを研究すれば、素粒子をはじめ**宇宙に存在するあらゆる物質、宇宙そのものの根源を解明できる**と見られています。
つまり「超ひも理論」には楽しみしかないのです。

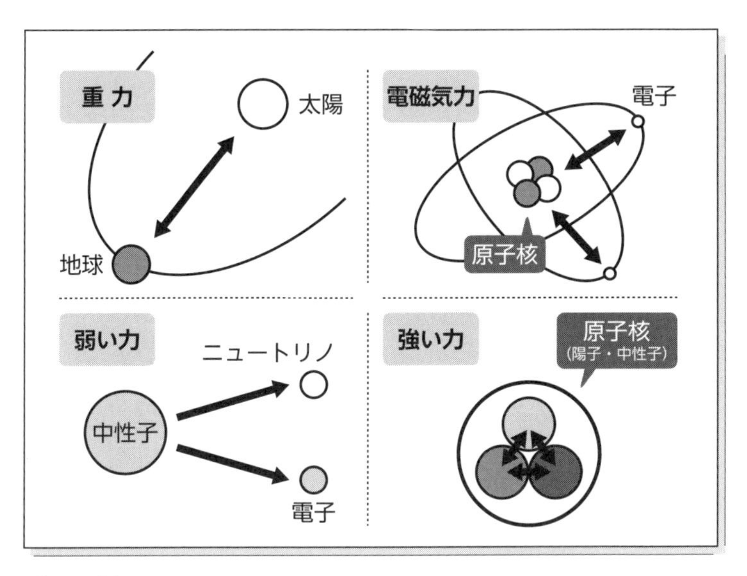
重 力
太陽
地球
電磁気力
電子
原子核
弱い力
ニュートリノ
中性子
電子
強い力
原子核
(陽子・中性子)

(4つの力)

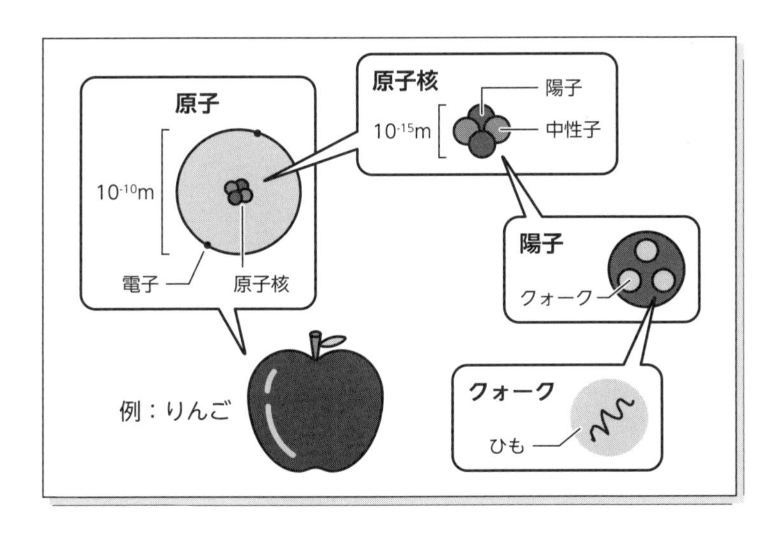
原子
10-10m
電子
原子核
原子核
陽子
10-15m
中性子
陽子
クォーク
クォーク
ひも
例:りんご

56
quantum mechanics

「超大統一理論」の完成を夢見て

アインシュタインも達成できなかった人類の課題

本書の最後の項目となりました。「量子コンピュータ」や「超ひも理論」まで知ったあなたは、量子力学の流れを概観できたことになります。

ここでは、現在の物理学者たちがいったい何を目指しているのか。その究極の夢についてお伝えします。

じつは、あの「4つの力」をまとめて説明できる根源的な理論を確立することが、今の科学の"悲願"なのです。

もともと1つだった「4つの力」

宇宙（自然界）には4つの力が存在します（38ページ）。電気を帯びた粒子のあいだに働く「電磁気力」、核エネルギーの源となる「強い力」、放射能に関係する「弱い力」、天体の運動を支配する「重力」。これら4つの力はそれぞれ別のふるまいをしますが、じつは**宇宙誕生直後のアツアツドロドロの時代**には一体となっていて区別がつきませんでした。驚きですよね！

4つの力は宇宙が冷めていくにつれ、分かれていったとされます。順序としては重力が分離し、強い力が分離し、最後に弱い力と電磁気力が分かれて現在のような4つの力になったのです。

なぜ分離したのかというと、「エネルギーが低くなったから」。それなら「エネルギーを高くすれば、またすべて一体になってくれるんじゃない？」……などと考え、4つの力をまとめる理論を構築しようと多くの科学者たちが精魂を傾けてきました。アインシュタインも、そのひとりでした。

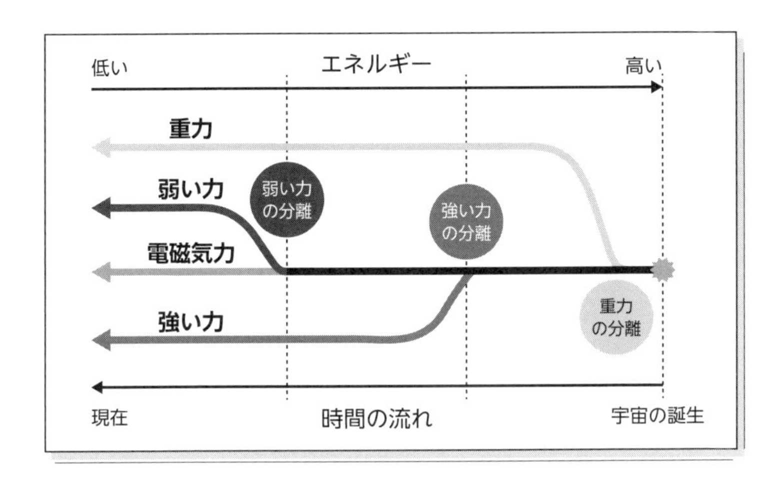

天才ですら「仮説を発表しては撤回」

1920年代、一般相対性理論を完成させたアインシュタインは、「4つの力」を1つにまとめる理論を構築すべく、健闘し始めました。当時は量子力学が登場した時期で、物理学の世界は「全体を包括できる大きな枠組み」を求めていたのです。

彼が取り組んだのは**「電磁気力」と「重力」の統一**です。ただ「重力」って特別なんです。彼は幾度も「統一理論」を発表しては撤回を繰り返しました。それでも結局まとめられなかったんです。当時の研究者たちには「統一理論をブチ上げるには、量子力学から始めるのがいいかもね」という認識が広まりました。

現在、2つの力の統一までは達成できた

その後「電磁気力」と「弱い力」を結びつける理論が生み出されます。アメリカ生まれのユダヤ人物理学者、**スティーブン・ワインバーグ博士**と、パキスタンの物理学者**アブダス・サラム博士**が考えた理論です。

それを**「電弱統一理論」**、あるいは2人の博士の名前をとって**「ワインバーグ＝サラム理論」**と呼びます。2人は1979年にノーベル物理学賞を受賞しました。

じゃあ次は、この「電弱統一理論に加えて強い力もついでにまとめちゃえばいーじゃん」と思うじゃないですか。しかし、これが激ムズ!! 「電磁気力」「弱い力」「強い力」の3つをまとめる理論を**「大統一理論」**と呼びますが、残念ながらまったく完成にこぎつけられていません。

さらにいうと「この3つに加えて重力もまとめようよ」と研究を重ねる科学者たちもいます。

つまり、「4つの力」を1つにまとめる理論なわけですが、それは**「超大統一理論」**と呼ばれます（名前だけ、先に決まっているんです）。

取り扱いが難しい「重力」まで含めた「超大統一理論」はさておき……。その前段階の「大統一理論」について深掘りしておきましょう。そこには、ノーベル物理学賞を受賞した、あの日本人科学者の功績も関わってきますから。

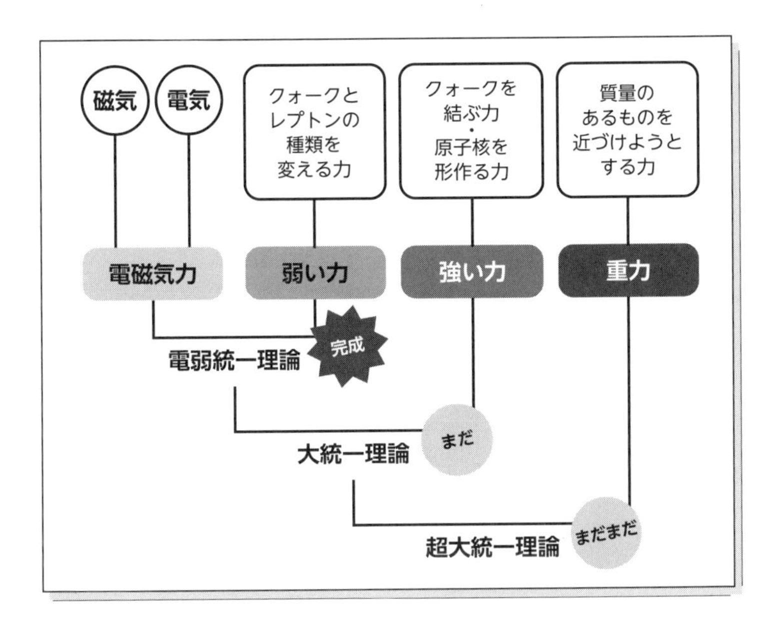

世界に誇れる「カミオカンデ」シリーズ

ひと口に「大統一理論」といってもさまざまなアプローチがあります。たとえば**「陽子崩壊」**という現象を観測できれば、大統一理論の実証に近づくことになります。それを観測しようと意欲を燃やしたのが日本の**小柴昌俊博士**です。

小柴博士は岐阜県飛騨市に素粒子観測施設**「カミオカンデ」**を建設しました（ちなみにカミオカンデとは「神岡核子崩壊実験」の英訳の略です）。

結局、陽子崩壊はとらえられなかったのですが……。小柴博士はそのかわりに、超新星爆発で地球に到来した素粒子**「ニュートリノ」**の観測に成功（素粒子の中でも特にとらえにくく“幽霊粒子”なんて呼ばれています）。その業績で、2002年にノーベル物理学賞を受賞されています。現在「カミオカンデ」は後進の研究者らに引き継がれ、より巨大な**「スーパーカミオカンデ」「ハイパーカミオカンデ」**（2027年稼働予定）となっています。

神岡鉱山のニュートリノ観測装置

カミオカンデ Kamiokande	スーパーカミオカンデ Super-Kamiokande	ハイパーカミオカンデ Hyper-Kamiokande
1983年 観測開始 1996年 観測終了	1996年 観測開始 現在も活躍中	2020年 建設開始 2027年 実験開始予定

スイスの研究施設「CERN」も頑張っている

国外でいうとスイス・ジュネーブにある**「CERN」**（欧州合同原子核研究機関）が有名です。**「セルン」**もしくは**「サーン」**と読みます。素粒子、原子核研究が目的の超有名な研究施設です。ここでは大型加速器**「LHC」**で「超対称性粒子」の発見を目指しています。それが見つかると今の大統一理論を説明する裏付けになるのです。

このように大統一理論については、前提が異なるいくつもの仮説が世界中で提唱され、実験が繰り返され……という動きが繰り返されています。いつか統一されるといいですね。

そして僕らひとりひとりは“自分の宇宙”をより充実させていきましょう。それが、自分のまわりを、ひいては社会を、地球をよくしていくことに確実につながります。

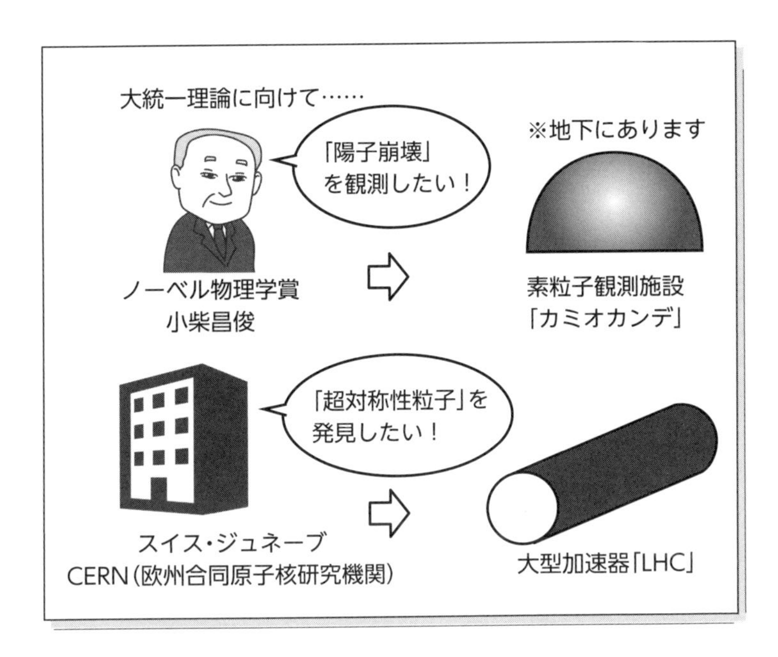
大統一理論に向けて……
「陽子崩壊」
を観測したい！
※地下にあります
ノーベル物理学賞
小柴昌俊
素粒子観測施設
「カミオカンデ」
「超対称性粒子」を
発見したい！
スイス・ジュネーブ
CERN（欧州合同原子核研究機関）
大型加速器「LHC」

あとがき

最後に、「量子力学を使いたおして、もっと幸せになる極意」をお伝えしておきます。それは**「イヤなものはあえて遠ざけて、好きなことに集中する」**ことです。そんな生き方こそ、物理の法則、量子力学のルールに適っています。

量子力学が導き出している理論によると、すべてのものは観測してはじめて“実在”となります。物質も現象も、あなたが見ていることは、あなたが観測しているから実在しているわけです。エネルギーの波の状態の素粒子が観測された瞬間に、粒々の物質になるわけですからね。裏を返せば**「観測しなけりゃ実在しない」**というわけ。だから、夢や目標、好きなこと、欲しいものなどいわゆる「いいこと」系の事柄は、わざわざ言語化して自分で観測したりするんです。理想の姿に似たポスターや、目標を書いた紙を壁に貼ったりね。

逆に「イヤなこと」系の事柄だって、まったくおんなじ仕組みです。すべてのものは観測してはじめて実在となります。

あなたが観測するから、そこに現れてしまう。あなたが見るから、そこに実在してしまう。

たとえば仮に、あなたの住む町で、ちょっとした事件が起きたとします。でも、あなたがそれに一生気づかなければどうなるでしょう。その事件が、あなたの仕事や人生にまったく関連がなければ、その事件はあなたにとって「なかったこと」と同じでしょう。そーいうことなんです。観測しなけりゃ実在しないんです。

それなら、イヤなものや嫌いな人を、わざわざ見に行かなくてもいいでしょう。それより「見たいものを見る、見たい人を見る」という人生のほうが楽しくないでしょうか。

難しいところもあったかもしれませんが、この本を読み終えて、もとの生活に戻ってしまっては、あなたの人生は変わりません。

忘れないで常に意識してください。みなさんの隣にいつも僕が寄り添って、目的を叶えるための応援ができるように、ここまで読んでくれたあなたのために、LINE公式を立ち上げています。こちらのQRコードよりご登録いただければ、1ヶ月に1度「量子力学の法則」にまつわる、独自の最新の研究結果などお得な情報をコラムにしてお届けします。

「使命なんて別にない」。そう答えたくなる人もいるでしょう。そのお気持ちはわかります。でもね、“使命”みたいなものがもしあるとすれば、ちょっとでも**「得意なこと」**、ちょっとでも**「向いていること」**なんです。それにとことん取り組みませんか。

地球上の約80億の人たち全員に「得意なこと」「向いていること」が、まんべんなく分配されています。これは間違いのない事実。もちろんそれは、人によってぜんっぜん異なります。兄弟間や親子間でも、まったく違っていたりします。それを**“個性”**や**“才能”**と呼びます。

この「得意なこと」「向いていること」に集中すると、たいていの場合、世の中にめっちゃ貢献することになります。それって素晴らしいことですよね。

本書の出版にあたって、編集を担当してくれたKADOKAWAの大賀愛理沙さん。出版を実現させてくれた伊藤直樹編集長。執筆協力いただいた山守麻衣さんに最大のありがとうを送ります。それから身の回りのことや作業を引き受けてくれた妻にも。

最後におたずねします。

あなたの得意なこと、向いていることってなんですか。

少しずつでも、それをやっていきましょう。それがあなたにとっても、世界にとっても“最高”なんですから。

2024年　9月吉日　科学者　まこちん

参考文献

書籍

- 量子論から解き明かす「心の世界」と「あの世」　岸根卓郎（PHP）
- 宇宙の意思　岸根卓郎（東洋経済新報社）
- 図解　量子論がみるみるわかる本　佐藤勝彦（PHP 研究所）
- シンクロニシティ　科学と非科学の間に　ポール・ハルパーン（あさ出版）
- 時間は存在しない　カルロ・ロヴェッリ（NHK 出版）
- ビッグ・クエスチョン　スティーヴン・ホーキング（NHK 出版）
- 決定版　量子論のすべてがわかる本　科学雑学研究倶楽部（編）（ワン・パブリッシング）
- 最強に面白い！！量子論　和田純夫（監修）（ニュートンプレス）
- 最強に面白い！！超ひも理論　橋本幸士（監修）（ニュートンプレス）
- 眠れなくなるほど面白い脳の話　茂木健一郎（日本文芸社）
- 5次元宇宙の物理学　大統一場理論　五島秀一（ヒカルランド）
- 死は存在しない　田坂広志（光文社）
- 宇宙の歴史と宇宙観測　秋本祐希（技術評論社）
- 「からだ」という神様　保江邦夫／矢作直樹／迫恭一郎（ビオ・マガジン）
- 僕たちは、宇宙のことぜんぜんわからない（この世で一番おもしろい宇宙入門）　ジョージ・チャム／ダニエル・ホワイトソン（ダイヤモンド社）
- ペンローズの〈量子脳〉理論　ロジャー・ペンローズ／竹内薫／茂木健一郎 訳・解説（ちくま学芸文庫）

論文　※論文は訳されて要約されたものを読みました。その元論文となります

- Evidence for chiral gravitation modes in fractional quantum Hall liquids (2024) Nature 628
- Coherently wired light-harvesting in photosynthetic marine algae at ambient temperature(2010)Nature 463

田畑 誠（まこちん）
1972年静岡県沼津市生まれ。北九州市立大学外国語学部卒業。大学在学中にレーシングカートドライバーとしてデビュー。JAF直轄の北九州シリーズや福岡シリーズに参戦し、入賞経験を持つ。大学卒業後は大手運送会社に勤務しながら、レーシングドライバーとしての道を志すも思うようにいかず、貯めた資金を元手に、2001年に医療機器関連の販売会社を設立。年商数億円規模の会社に成長させるも、その過程で出会った「量子力学」の魅力にとりつかれ、量子力学にまつわる膨大な量の文献や論文を国内外問わず独自で研究し、実践を重ね独学を続けていくことに。そして、2018年会社をたたむと同時に、これまでの量子力学の知識と知見をベースに「宇宙一わりやすい量子論解説」をブログで発信し始めたところ、瞬く間に大人気ブログとなり、多くの読者から賞賛される。2019年にインスタグラムでも発信を開始すると、その独特の世界観が評判になり、2024年9月現在約7万人の熱狂的なフォロワーを抱えている。2021年「量子力学をちゃんと知ってちゃんと使いたおす4ヶ月講座」を開講すると、募集開始後すぐに満席となる「行列のできる量子力学講座」となり、各メディアでも注目を浴びる存在になる。特に、これまで自身が行ってきた人体実験に基づくコンテンツが大人気で、わずか3年間で受講生は300名を超え、セミナーやワークショップなども含めるとのべ3000人以上が参加している。科学的かつ物理的に裏付けがある量子力学論に基づく再現性ある願望実現、自己実現メソッドを提供し、多くの人々の人生を明るく楽しいものにする活動を展開している。

執筆協力　山守 麻衣
企画協力　遠藤 歩
装幀　bookwall
本文デザイン　廣瀬 梨江
図版・DTP　次葉
校正　鷗来堂
編集　大賀 愛理沙（KADOKAWA）

宇宙一わかりやすい「量子力学」大全
目に見えない世界を味方にして人生を好転させる56の法則

2024年9月20日　初版発行
2024年9月25日　再版発行

著者／田畑 誠（まこちん）

発行者／山下 直久

発行／株式会社KADOKAWA
〒102-8177　東京都千代田区富士見2-13-3
電話　0570-002-301（ナビダイヤル）

印刷所／TOPPANクロレ株式会社

製本所／TOPPANクロレ株式会社

●お問い合わせ
https://www.kadokawa.co.jp/（「お問い合わせ」へお進みください）
※内容によっては、お答えできない場合があります。
※サポートは日本国内のみとさせていただきます。
※Japanese text only

定価はカバーに表示してあります。

ISBN 978-4-04-606997-9　C0095